女人不可以穷

Make your Dream Happen

正经婶儿 著

中国华侨出版社

图书在版编目（CIP）数据

女人不可以穷 / 正经婶儿著. —北京：中国华侨出版社，2016.6

ISBN 978-7-5113-6086-1

Ⅰ.①女… Ⅱ.①正… Ⅲ.①女性－人生哲学－通俗读物 Ⅳ.①B821-49

中国版本图书馆CIP数据核字（2016）第135741号

女人不可以穷

著　　者：正经婶儿
出 版 人：方　鸣
产品经理：薛　航
责任编辑：紫　夜
特约编辑：刘青丽
封面设计：沐希设计
经　　销：新华书店
开　　本：880mm×1230mm　1/32　印张：8　字数：167千字
印　　刷：北京鹏润伟业印刷有限公司
版　　次：2016年7月第1版　2016年7月第1次印刷
书　　号：ISBN 978-7-5113-6086-1
定　　价：36.80元

中国华侨出版社　北京市朝阳区静安里26号通成达大厦3层　邮编：100028
法律顾问：陈鹰律师事务所
发 行 部：（010）82068999　　传真：（010）82069000
网　　址：www.oveaschin.com
E-mail：oveaschin@sina.com

contents

目录

第二章 女人不可以穷

第三章 你百分之九十九的问题都是因为懒

第四章

如何美得久到离谱

第五章

能够让你欺负的人，都是爱你的人

推荐序

女人的衣柜里永远缺一件衣服

经济学有个基本假设，叫“资源永远稀缺”，对于女人来说，这句话也成立，所以有句话叫作“女人的衣柜里永远缺一件衣服”。

稀缺不是贫穷，而是资源相对于欲望的不满足。意识形态广告公司给台湾中兴百货公司的广告语是“三日不购衣，便觉面目可憎”，而到了现在，恐怕都等不到三日吧？每天不去网上买点什么，恐怕都觉得要被时代抛弃了。

物质极大丰富的时代可能也是最欲壑难填的时代，因为物质的丰富带来机会的丰富和价值观的多元。同样是晚上八点钟，有人选择八点档电视剧，有人选择奋笔疾书，有人挽着老公散步，有人正奔波在从城市一端到另一端的路上。

很多时候，“穷”在现代社会是一种心态而不是一种状态。换句话说，内心丰盈的女人远比物质丰盈的女人幸福。我相信你跟我一样，见识过身边太多“富有的贫穷者”和“贫穷的富有者”，如果前者还是靠运气和视野的话，后者一定是靠选择。一个“贫穷的富有者”本身就充满了吸引人的故事性。

说到故事，也正是正经婶儿的新作《女人不可以穷》的成书脉络。这本书由一个又一个故事堆砌而成。相比于其他写给女性的书，正经婶儿喜欢讲故事而不是讲道理，一个个或长或短的小故事，读起来辛辣尖刻，但又趣味十足。这很有春秋历史的笔法，所谓看别人的故事，悟自己的道理。

女人天生爱听故事，从同事嘴里的八卦奇闻，到小报里的香艳消息；从闺中密友的悄悄话到政客名流的风流韵事；从国产宫斗戏到欧巴虐心剧。故事之于女人，不但是最好的消遣，也是反躬自省的绝佳路径。

有人在故事里看到别人的生活，“小A不就是我身边那个贱人”“小B不就是我曾经爱过的那个渣男”“C简直就是那老东西的翻版”……但更多的是大家在故事里看到的自己。“早知道是这个结果，老娘当时就不该走”“原来男人会这样想”“真便宜了那个坏小子”……

与“男人没一个好东西”并列为至理名言的一句话是“跟女人是不可以讲道理的”。其实，若论过程，女人比谁都讲道理。用过去读书时老师交代我们的话来看，女人对道理的学习都是“先理解后记忆”，这样的记忆不容易忘记也不容易动摇。

至于文中观点，我建议各位带着批判性的眼光来读。作者本就没有端着写，各位也不要端着读，大可以在读后跟作者互动。每个人成长环境不同，生活背景不同，境遇不同，一定不会对生活有整齐划一的理解。同一个故事，每个人有自己的现实走向，就好像徐志摩遇见林徽因，是想你想得难受、纠结，到了林徽因嫁给梁思成，就变成“在天愿为比翼鸟，在地愿为连理枝”的旷世爱情。写序的我，也愿各位读者跟我一样，看完后提了一百个不同意给作者，那又怎样，如果这本书能激发一下你的思考，让你过得更好，把书撕了都行。

最后，谈一点我私人的感受。作为一个自以为是的写手，我也尝试过写针对女性的心灵成（ji）长（tang）文，但总不得法。直到看了正经婶儿的几篇文章，发现这活计还真不是普通男人能干的，我一张嘴就是意识、潜意识、宏观社会和文化思潮，虽然自我感觉分析得头头是道，但真的会吓跑不少柔美的女性。

正经婶儿的文字功底好，读她的文章，经常有一种画面感，这也是她跟普通作家的不同。这就好像买衣服，在我的理解中，女人买衣服并非单纯为了御寒，而是为了穿上美美衣服那一刻的感受。女人看书也是如此，不一定非得直截了当获得什么，而是想要那一种感觉——当轻轻合上书本的那一刻，举起瓷杯，抿一口香茶，有一丝微笑留在嘴角，心里又盛开出一朵或清丽或美艳的鲜花，真好，真美，真可爱，这就够了。

把书读成无书，把文字读成感觉，大概这就是女人。

而若读书的过程中，能从别人到自己，从故事到道理，从文字到感觉，那本身，这个女人思绪飞扬，经历过无尽的想象和至美的画面，自然而然也真的就不穷了。

愿你也有这种感受。

刘杨

创立“刘主编”微职场培训平台

代表作《教养就是让人舒服》

2016.3.10 于北京

自序

书名《女人不可以穷》来自于我在微信上的一篇同名文章，正是叫作《女人不可以穷》。

本来薛编辑定这个题目的时候我是拒绝的，因为这题目不仅扎眼，而且罕见。根据我对其他公众号作者的书名的观察，一般的题目都是“你若不……就会……”或者“不要让今天的……样的你，讨厌明天……样的你”之类的，作为标题当中的异类，想想就有点小紧张。

但是也保不齐，这样的书名，就算只是被放在书架上，每天看看书脊上的几个大字，也有提神醒脑的作用呢。

女人不可以穷，不是说大家都掉到钱眼儿里去，是说这个年代最大的奢侈品——“安全感”。我们中的大多数，生来就不是豪门，又没有封侯非我意的运气，再放弃向上的努力，结局无非是再可爱的萝莉也会被生活磨成祥林嫂，顶着一张愁苦脸，喋喋不休地抱怨人生。

毕业十周年聚会上，大家的境遇是让人有点意外。造化弄人，放弃了上进和与社会脱节的女人远不如那些和社会保持脉动的女人活得有滋有味。

女人不可以穷。穷不是单指金钱，而是指思想穷、技能穷、心态穷、性格穷。四条汇成一穷，就真的会很穷，并且越来越穷。

没钱只是穷的一种，更多的穷是缺思想、缺抱负和缺眼光。

其实，对一个女人来说，最重要的就是眼光。很多女人和出身卑微、生来贫穷的男人在一起，开始时日子是有点紧张，到最后反而逆袭越过越好；也有女人一开始就嫁入王谢之家，但日子过得每况愈下。所以，每个人都有过不好的概率存在，如果不自立自强，怎么能急流勇退？虽然江西男和上海女的新闻最终被证明是假新闻，但是如果她有自己的底气和主心骨，何须逃跑？她以为自己在加速逃离贫穷，其实她在逃避的是上进的努力，而这些本来可以和她的准男友毫无瓜葛。

所以，你现在所有的努力，都是为了不让未来的你无能为力。

怎样才是正确的努力姿势？且看正文。

我试图通过有限的经验，写出足够的真情。观点无懈可击是上帝的事，我唯一可以保证的是，我有足够的诚意。如果诸位能够从中淘洗出躲在文字后面的善意，得到治愈，那我已别无所求。

闲言不叙，就此告退。

《后记》见。

第一章

嘴巴那么毒，心里一定很苦吧

摆脱幼稚要趁早

我上大学的时候，同寝室的女生在新东方兼职。

我们宿舍一共 6 个女生，除了她之外，个个懒散。上过大学的人都知道，除了大一忙一些，剩下来的时间就不是天天有课了。即便有课，我们这帮曾经的学霸——当时的学渣，也不会天天去上课，原因很多：天太热，天太冷，前一天晚上睡得太晚，下午的课是必修课，上午的课不点名……都能成为我们翘课的借口。点名当然会让我们心惊，不过收拾东西赶快跑过去，课间休息的时候，告诉老师：“不巧，那时候刚好上厕所。”一般都可以逢凶化吉。

最开始的时候，她一周只去新东方两次，一个月挣 800 元钱。

我们常常看见她背着很大的包出去，里面装着各种试卷、资料和电脑，然后又背着很大的包回到宿舍。

于是我们一直很好奇：这么卖力地做兼职，一定有很多钱吧？

那天晚上我们卧聊，大家七嘴八舌地问她：“你一个月能挣多少钱？”

“800 块，超过 800 块的话，还要扣税呢！”

“我爸一个月给我 1500 块。”有人说。

“我爸一个月给我 5000 块，花完了再问他要就好。”

我们 6 个人当中，除了她家里，都是小康以上水平，吃喝不愁，无人压迫，于是我们对于她出去兼职的事情都感到很不屑。

那时的我们都是二十出头的年纪，父母的掌上明珠，在重点院校上学，每个月拿着家里给的不多不少的一点生活费，课程随便上上就可以，生活的中心就是吃饭、上课和追剧，一到白天就犯困，到了晚上就精神。我们很少憧憬未来，大家都斩钉截铁地以为：我们是八九点钟的太阳，是祖国的未来，只要一毕业，未来就会为我们插上粉红色的翅膀，飞多高、飞多远，由我们自己决定。

后来她的课越来越多，几乎变成每天有课。

那时候，我们基本上也没有什么课了，早上能起来就去上自习，起不来就聊天，等食堂开饭。而她跟我们大不相同，每天满北京地跑着去上课，校区似乎是公司指派的，有时候去安贞，有时候去望京，有时候去巴沟，有时候要从望京到巴沟。

经常是我们在宿舍睡大觉或者看一眼美剧、扫一行期末资料的时候，她就出去了；我们在嚼着冰棍、唠着嗑，吃着火锅、哼着歌的时候，她才回来。她回来的时候和别人不同，其他人都是推开门，只有她是把门撞开——因为书包太重，而且坐公交转地铁又走回寝室，是很辛苦的。

她做了两年，课时费从几十元一个小时涨到了几百元一个小时。

有一次，她回来告诉我们：“哎呀，这个月光扣税就扣了8000块。”

我心想：“妈呀，扣税扣8000块，那挣得岂不是更多？”

有一次，我真的被她拼命三娘的精神打动了，私下问室友：“咱们要不要也出去找个实习？”

“我哥说了，上学的时候就好好上学，工作的时候就好好工作，一心多用，什么事情都干不好。”

我点点头，认为她哥很有见地。

两年之后，她成为新东方朝阳名师，上课的时候还有助教协助。她上一小时的课时费飙到了260元，一对一的话，一小时是500元，前提是看她有没有时间。而且她的课时费还在以小时为单位地快速up。

我们还是带着强烈的小资产阶级家庭出身的傲娇，看不上这个，瞧不起那个，觉得为别人打工什么的，简直是自掉身价。

毕业那年，我们寝室有一个女孩没有找到工作，于是也去新东方应聘做兼职老师，因为觉得看起来也并不困难，结果她第二轮就被淘汰了，面试官评价她，她的口才与她的学历是成反比的。

毕业之后，我反省了一下，我之所以在很长一段时间都像是没头苍蝇一样，就是在一个该认清现实的时间段还在继续做梦。

其实，我在大二那一年曾经在报社实习过一个月。

有一次我去采访动漫展，名叫猪乐桃的漫画家在签售，她坐在一张桌子后面，周围用铁栏杆围了一圈，粉丝和记者就以栏杆为界在那里推推搡搡，粉丝想近距离目睹偶像的真容，我们这些记者往前挤着想要占据一个能拍到正脸的位置。

我无意挤得太靠前，因为带我来的老师已经在最佳位置咔嚓咔嚓了，所以我打算靠边站，随便照几张就溜号，场地很大，我还想看很多东西。结果我刚举起相机，就听见旁边有位妇女黑着脸指着我骂："你们这些记者太缺德了，整天拿个相机拍拍拍……"

我低头看看自己，我站在一个人畜无害的位置，再看看她，我俩之间保持着陌生人的安全距离。我反应过来之后，凝结了一肚子委屈，随后在心里暗暗发誓，天大地大，尊严最大，此生绝不涉足记者这一行，而且一度很排斥出去实习和工作——我正经的大学毕业生，干吗出去受那个冤枉气?

后来我再长大几岁，发现这个世界上有人对你恶语相向再正常不过。象牙塔里的我们当时活得太朦胧，玻璃心的根源就是对于生活的真相了解不足。

20 岁的时候，有人告诉我，我们有个师姐博士毕业之后到国家图书馆工作，还是从最基层的科员干起。我听后不以为然，觉得都读到博士了，她工作找不好是她自己的问题。又过了几年，我才觉悟到不管是不是她的问题，而我对世界的理解是有问题的。

天天在图书馆里看书虽然能够增加对于这个世界某些方面的了解，但是极其有限，要想真正了解这个世界，还是要和这个世界接触。我建议在上大学的同学在毕业之前一定要出去找一份工作实习一下，时间不要太短，最少不能少于一个月。这样不仅可以了解一些行业是怎么运作的，还可以把多数大学生很慢的生活节奏调整得合理一些，和正常社会生活节奏相匹配。

有一次，我和几位大学生讨论问题，题目的大意是：北京地铁很拥挤，应该怎么办？

有个学生掏出一个小本子，打开之后很认真地念给我听："一般大家都是 9 点上班，北京地铁应该在 7 点到 8 点之间实行错峰收费，在这个时间段上班的票价低一点，鼓励他们早点儿上班。"

当时我就错愕了，她可能以为七八点赶地铁已经很早很早了，她显然没有在早高峰坐过地铁，她不知道 7 点的地铁已经能被挤成相片儿，也显然不知道很多上班族通勤都是走对角线，显然不知道五六点就来乘地铁的人太多了。

所以和社会脱节必然导致行为和思想幼稚，这样的人不会走得太远，就是上了路也跑不快。

人是不会嚼着薯片看美剧就成熟的。

除了了解真实的世界之外，只有和社会近距离接触，才能找到未来人生的方向。

现在问很多大学生毕业之后想做什么工作，都是说要考公务员、要通过司法考试，学历高一点的就说要留校、要出国、要去研究所。这样的回答本身就是没有想象力的表现，但是这很大程度上也不能怪他们，因为很多人在大学期间都只是用书本和连续剧感知世界，他们对于这个世界的了解用两页纸就能写完。

他们也许并不想要这样的生活，可是糟糕的是，他们也想不出要过什么样的生活。

于是大学生过得很麻木，不会悲伤，不会感动，书生气倒是有，但是不奋发、不向上。

年轻的时候稀里糊涂地过日子，想起来真的挺可惜的。

迪奥品牌的创办人克里斯汀·迪奥大学读的是政治学院，他在小酒馆和画家、摄影师、作家等人的交往中，发现服装才是自己真正的热爱；罗大佑在读医学院的时候，组建了自己的乐队，所以我们可能损失了一个好医生，但是华语乐坛多了一位超级音乐人。

而如果只是宅在那里，那就什么也发现不了。

所以我希望年轻的朋友们从书斋中走出来，多出去走走、看看，多和不同的人聊天，投身社会，了解众生百态。

生过病才知道健康的可贵，受过了打压才能知道这个世界公平和投机并存，领教过虚情假意才知道真心的宝贵。

台大教授傅佩荣曾出过三个问题，把这三个问题回答了，人生便明朗了。

什么是值得我追求的？

什么是值得我尊重的？

什么是值得我珍惜的？

这三个问题我在上大学的时候就看到过，那时候我脑子里一片空白，完全答不上来。

现在我大概有自己的答案了。

如果你看到这三个问题，脑袋里空空如也，说没有什么是我值得追求的，没有什么是我值得尊重的，没有什么是我值得珍惜的，那有些遗憾。最可怕的事情就是把自己活成墓志铭，漫长而简短。

台湾文案天后李欣频给出了一个方法，就是花一天的时间做统计，看看自己都把时间分配到什么上面了，一天 24 个小时，花多少时间在聊 QQ、发短信、刷微博、发朋友圈、看八卦，又花多少时间在上课、工作、吃饭、扯皮，还有多少时间花费在通勤的路上和交通堵塞当中，多长时间看书，多长时间看视频和电视，多长时间挑选今天穿什么，多长时间专注于生活和爱。

这些都是可以计算出来的。然后你要好好想想，每天日复一日地这样过，你会心安理得吗？如果你会，那请继续；如果觉得这样不太好，那么就拿出立刻改变的勇气和魄力。

正如《深夜加油站遇见苏格拉底》里所说的：“你怎么过一天，就会怎么过一生。”

如果有杯弓蛇影的紧迫感，就还不晚，只要抓紧去寻找方向，充实生命，就好了。

我相信任何时候的努力都不算晚。

而且凡是奋斗过的，必然留下痕迹。

情商低的女人是没有未来的

有一次，香港作家蔡澜到北京参加活动，其中有一位北京女记者，看起来年纪不大，而且长相也不错，每说一句话总会带个“哟”字当口头禅。她向蔡澜做自我介绍：“我是个资深记者。”于是两人聊了几句。

“在香港，刚出来做记者的话，一般的工资是多少？”她问。

“月薪8000到10000吧。”我说，“最初入行，五六千也有。”

“哟！”女人故作惊讶状，“那么少？”

内地经济起飞，也许她赚得比我们更多，这其实并不出奇。

“你说的那家餐厅有多大？”她问。

“2500平方英尺吧。”我说，“按照你们的计算，是232平方米。”

“哟！”女人又故作惊讶状，“那么小？那开了多少年？”

“五六十年了，是个老字号。”我说。

“哟！”她除了惊讶，还阴阴地笑，“才五六十年，算得了什么老字号？”

以上是蔡澜在文章里对于他们之间对话的记录。

蔡澜在文章中点评这位女人道：“我老爸说，有些女人，像菜市场里的鱼一样，样子看起来新鲜，但不能让她开口，一开口，就会闻到一阵恶臭。”

情商低的女人，很少会站在对方的角度看问题。她们时常会仗着自己那一点儿可怜的见识，对某些事情发表让人啼笑皆非的看法。

蔡澜起码要比她早出生 40 年，生于新加坡富裕家庭，后到日本留学，担任过邵氏电影公司的驻日经理，先后在东京、纽约、巴黎、首尔、台北、巴塞罗那和曼谷等地居住，在香港当电影监制并且定居。蔡澜开始写作的时候，她可能还没出生；蔡澜进军主持界的时候，这位记者最多不过是上初中吧！难怪女记者的话，会在这个号称香港最会享受生活、最风流多艺的华人老头子面前贻笑大方了。

更可怕的是，情商低还要沾沾自喜，以为自己知道的就是全世界最棒的真理，那就真的是太遗憾了。虽说情商低不是你的错，但是站出来让人心里不舒服就是你的不对了。

林志玲是台湾娱乐圈公认的智商、情商都很高的女人。她 30 岁的时候以模特儿身份出道，有很多人都嘲笑她是花瓶，是靠家世和娃娃音上位。林志玲的回应礼貌又得体：“花瓶吗？很好啊，这也是对外表的一种肯定方式，我会把它看作赞美，再说声谢谢。当然，如果你真的对这只花瓶感兴趣，随着时间的推移，你会看到一个真实的我。”

情商高的女人，自信那些负面的评价可以依靠温柔的力量去改善，而不是借助愤怒的态度去毁坏。

众所周知，林志玲长得很高。前几年在《赤壁》的发布会上，有记者说，她和梁朝伟的身高不太搭。林志玲微笑着回答：“男人的气度远胜于高度。”记者哑口，没话说。

又有记者问：“会和搭档梁朝伟拥抱吗？”林志玲说：“要等到另外一位玲的允许，才可以得到拥抱。”

情商高意味着对他人情感的洞察和体谅，意味着为你身边的人做点什么。处处显示自己的人不见得总会无往不利，而高情商的温柔则像是水一样，可以以至柔征服天下之至刚。

而温柔是可以创造出更多的温柔的。

美剧《纸牌屋》里的安德伍德夫人克莱尔，也是一个情商极高的女人。她毕业于哈佛大学，出身高贵、举止优雅，她有自己的事业，但是她永远将丈夫的事业放在首位，因为她知道他们有着共同的目标。

她深刻地支持并且理解自己的丈夫。当安德伍德和年轻记者佐伊发生一夜情彻夜未归的时候，她站在清晨的曦光中镇定地看着有些衣衫不整的丈夫出现在自己面前，没有狂躁，也没有歇斯底里，只是淡淡地问了一句是和谁，要不要喝咖啡，就离开了。她对丈夫的能力永远信任，也永远知道情绪的爆发不该是在夫妻之间，而是应该同仇敌忾。而她更知道的是，安德伍德这样做的目的是为了获得重要情报，只不过他所用的刚好是身体而已。

她偶尔也示弱，但是从不滥用自己的情绪，让媒体或者对手抓住她丈夫的把柄。她永远只是助攻，每一步都坚定地带他走向辉煌。而当时的总统夫人因为太不善于控制自己的情绪，夫妻之间在关键时期产生裂痕，最后弗兰西斯这位副总统找到了他们的弱点，于是成功上位，承继大统。

情商高的女人善于控制因果，因此她们克制，并且自律。她们知道什么样的因就会有什么样的果，她们不会在参加男友或者丈夫聚会的时候突然就把脸一沉，要么离席，要么持续黑脸；她们也不会被自己的小情绪摆布，因为往往这个时候才是最考验人的修为的时候。

有人说："我不喜欢情商高的人，他们都不单纯。"

我说不是的。

情商高的人充分理解人性的脆弱之处，并且总是给予温暖。就像是雨天送伞的人，给你带来温暖和坚定的力量。情商高的女人也充分理解人性的复杂，并且总是给予宽大和谅解，就像是怨怒沸腾之时的戛然而止，这样的女人值得敬佩。安德伍德说："克莱尔让我尊敬吗？是的。她也让我害怕吗？我想也是的。"

没有人天生情商高，但是很多事情都可以后天学习。

情商这个词说起来抽象，其实主要是控制和感知他人情绪的能力，情商高的人不生气、不抱怨，多数状态都坦然自得。

前台湾地区领导人马英九的太太周美青，是公认的情商很高的女人。

周美青和马英九在共赴纽约大学读书的时候相恋，1977 年，27 岁的马英九和 25 岁的周美青结婚。婚后，马英九在哈佛大学攻读博士学位，没有奖学金，他还是爱国主义报纸《波士顿通讯》的主编。为了支撑家庭的所有开销，周美青平时打三份工，来补贴家用。为了省钱，他们出去找了两个别人废弃的轮胎，中间垫两个枕头，当作沙发。

后来马英九在哈佛顺利毕业，他说："我修的是法学博士学位，我太太修的是贤内助博士学位。"

马英九毕业之后回到台湾，受到蒋经国先生的栽培，开始走进政界，不论职位高低，他一直是蒋经国的贴身英文口译。公务繁忙，马英九自然对家里照顾不多。周美青每天搭地铁上班，要抚养两个女儿，还能够把家里整理得井井有条。曾经有八卦杂志称，他们密切追踪马英九及其家人长达六个月时间，想要爆出点黑料，结果一无所获。

马英九从台北市市长，到国民党副主席，到台湾地区领导人，周美青还是照样坐地铁和公交车上班，照样送孩子上学，并且辞去了兆丰国际商业银行法务处处长的职务，为的就是不要让人家觉得马英九以权谋私，伤害民众感情。

有外媒报道，马英九在台湾民意高涨，特别提到了他有一个好太太——他没有钱的时候，她出去养家；他涉足政治的时候，她来维护家庭；他当上国民党主席，当上地区领导人，她守得住低调。

2012年，马英九成功获得连任，然而在选举之前，他和周美青分别奔走于台湾南部的大街小巷，马不停蹄地拜票、拉票。拜票的时候，周美青一定是90度鞠躬，以至于她的腰疼得厉害。如果人群中有人骂她或者举牌子反对，她面无愠色地鞠躬，说“谢谢”，并表示正因为是在民主社会，反对的意见也可以得到充分表达。见过她的人都说，做马夫人的周美青和十年前在地铁站见过的周美青一模一样，她低调、谦和，和他们心目中尖酸刻薄、十指不沾阳春水的官太太大异其趣。

周美青也深知马英九作为一个政治人物的弱点，他正直善良、胸有大志，但是一生都带着些书卷气。在他不够大刀阔斧的时候，周美青总要适时地给他当头棒喝。“非典”期间，马英九曾42天睡在办公室。有一天他说他要回家，没想到她说：“‘非典’未灭，何以家归？”马英九无话可说，只有再接再厉。

马英九连任的那天发表的感谢信中，称赞妻子是最大的反对党，时时刻刻提醒他保持清醒的头脑，以做出最能够对人民负责的判断。他说：“当然要谢谢我家人对我的支持。尤其是这一位，她是我从政以来对我最大的支持力量，也是我家里永远的反对党，她永远用最严格、最犀利的标准检验我、帮助我、鼓励我，我要好好谢谢她。”

按照面相学来说，周美青绝不是旺夫相，她身段清瘦，脸盘无肉。马英九取得连任，不少人都说，100 万选票里，起码有 20 万票是民众投给美青姐的。

情商不是与生俱来的，是在不断积累的经验中得来的。而这些不断积累的经验就像增加在你身上的瑰宝一样，让人积极面对挑战，也带给别人暖心的力量。正如美国第 35 任总统约翰·肯尼迪所说："如果我们很强大，我们的价值会不言自明。如果我们很弱小，再多言语也无济于事。"

嘴巴那么毒，心里一定很苦吧

我有一个女性朋友，三十几岁，长得娴静端庄，只是有些心直口快。

有个同学告诉她，自己刚刚离婚。她脱口而出的第一句话是："我是不会离婚的，我要跟我的老公过一辈子！"

后来她也离婚了，老公在外面有了别人。她见到我们落泪了，恶狠狠地说："男人啊，没一个好东西！"

我虽然当时什么也没说，但是窃以为，婚姻出了问题的家庭，不会只是单方面的责任。而且我可以认定，因为她咄咄逼人的讲话方式，使她亲手将自己的老公推向了远方。

很多人都喜欢站在自己的立场评价别人，长得丑是不对的，没有钱是不对的，在公交车上不给老人让座是不对的。同性恋不正常，离婚不正常，不买房不正常，从央企跳槽不正常，长得倾国倾城不正常。

见到长得美的人就说是人造美人，见到有钱的人就说有金主依靠。嫌弃穷的，又怨恨富的；只买得起盗版，转过头又攻击正版，以为这个世界就靠自己惩恶扬善，全世界都需要他这样的人来操心。

这样，其实除了暴露了自己双商“感人至深”之外，别无他用。

2003 年愚人节，张国荣在酒店跳楼自杀，他的粉丝悲痛欲绝，他的爱人唐鹤德至今没有走出永失吾爱的阴影。

就是这个被香港媒体称为眉目如画的男子，他的生前的感情饱受媒体非议，除了被狗仔跟拍之外，每每和唐鹤德逛街，第二天必上报章头条，标题也常常是毫无底线的讥讽与中伤。1995 年，张国荣的保时捷和某杂志社的一辆丰田采访车相撞，彼时唐鹤德就坐在张国荣的车中。第二天，一条劲爆消息传遍了香港岛：“张国荣同性好友大曝光！！”媒体还模仿张国荣的语气写道：“他们冤枉我搞同性恋！”

这场车祸无人伤亡，却在张国荣心里留下了巨大的阴影。张国荣忧郁症的加重，和闪光灯的追逐、舆论的捕捉有极大的关系。他逝去后，各种纪念形式又如火如荼地开展，又是报章头条。

有些人将你亲手埋葬，却又来主持你的所有悼念。难道不觉得很恶心吗？

而且据说，从张国荣去世之后，每年都会有“半仙儿”说，张国荣会在某某时刻在某某地点复活，而且真的会有记者去那个地方蹲守。如果当年香港记者多在舆论上制造一点尊重和理解，少一些恶毒和中伤，也许歌迷们还能够听到张国荣的真声，而不是苦苦期盼他复活。

在这点上，媒体欠张国荣一个道歉。可是即便他还活着，也未必会被原谅吧。

不要评价一个人的出身，因为这无法改变；不要评价一个人的遭遇，因为你不知道他的故事；不要评价一个人的感情，除非你参与了他的人生。与其关注一个人的未来，不如踏踏实实做好自己。

在《西西里的美丽传说》里，莫妮卡·贝鲁奇的丈夫死在战场，她作为一个失去了男人保护的美艳寡妇，没有任何经济来源，于是只有通过出卖身体换面包吃。

在那个战争年代，人都是很矛盾的——男人都想得到她，却纷纷假装厌弃她；女人都想成为她，却又想扑上去摧毁她，在背后毁灭她。其实她没有什么过错，她最大的过错就是生得太过美丽。可是对于那些在极端战争条件下被压抑的人来讲，美也可以是罪过的。那些造谣的妇女，强迫她出卖身体的邮差，在众目睽睽下审判她的居民，比她高贵和纯洁吗？

一点儿都不。

谩骂和羞辱可以摧毁一个人吗？

是的。

然而比起这暴力更可怕的，是让我们看到施暴者在显示扭曲和压抑的灵魂。

《圣经》上有这样一则故事：文士和法利赛人带了一个行淫的妇女来见耶稣，问是否该用石头打死。耶稣弯着腰，用指头在地上画字。他们还是不住地问他，耶稣直起腰回答：“你们中间谁是没有罪的，谁就可以先拿石头打她。”众人惶恐，纷纷退去。

当我们试图对一个人、一种行为、一个现象扔去石块的时候，应该反躬自问，看看自己是否已经是无懈可击了。

正如普光老和尚所说：“闭上你我的嘴，苍蝇是不会飞到你我的口中，请你我不要造口业，请你我不要说是非，更不要挑拨是非。看见别人的好处多赞叹、多学习；见到别人的缺点，也就是大家都说他的坏处，如果你要是听见了，赶紧拿镜子照照自己，是不是自己比他还坏。”

管好自己的嘴巴，是最大的修行。

最后奉劝各位小主，少造口业，多加修持。至于那些喜欢说长道短，还在执迷不悟的人，只能说日子还长，好自为之。

内心强大的姑娘，和地下情断舍离

我和杜鹃小姐一起吃火锅，对面坐着一位我素未谋面的中年人。他说着自己感觉很好但是旁人听起来很吃力的普通话，平均每三个字蹦出两个方言发音，那种感觉实在是微妙。

我觉得这个人有些自带笑点，虽然我绷住没笑。因为看得出这是他苦心营造的形象，以一个轻慢又低情商的笑容把它破坏掉显得很残忍。而且我有一丝不快，这本来是我和杜鹃小姐的闺密餐，不知道这个肚子比身子先进门的中年律师为什么这么没眼色，偏要来横插一杠子。

不过杜鹃小姐一直跟那个人说笑，我感觉他们很熟，可能是重要的客户，而且那个律师很可能很仰慕她。

这也正常。

她从小就是众人的焦点，工作之后爱慕者更多，60后到90后都有。长得漂亮是资质，如果哪一天没有人追她我会很不习惯。她鸭蛋脸，眼角有些媚，是完美的中性肤质，素颜的时候也看不出毛孔，一抹淡妆，像是会闪闪发光。安静的时候也好像在笑，看起来有些喜庆。

毕业之后她在企业工作，在这个拉客户才是第一生产力的年代，这些人也是送上门来的订单。

想到这一点，我不禁为我的深明大义感动到肺里面，毕竟我只是吃饭，对于人家来说可是生意啊。

吃饭的时候，我就觉得律师很可疑，长着一张饱经风霜的脸，但是投射到杜鹃小姐的眼神上是一个大写的肉麻。

当时的我没看懂什么意思，不过杜鹃小姐很快便给我解密了，说她和那个律师在一起了。律师只是他用来掩人耳目的，这位 60 后大叔是她的上司，已婚已育，有个只比她小 3 岁的女儿。

为了避人耳目，他们从来不在单位同框。如果要在陌生人面前同框，他一定给自己编织一个得体的身份，方便介绍。我对于他撒谎的功力只有一个大写的服，因为我以为他是律师，就讲了亲戚家发生的纠纷给他听，他听得很认真，还微微点头，跟我说的最后一句话是："如果有需要，我可以给你提供专业的法律咨询服务。"

当然，我怎么想他并不重要，重要的是，刚刚受过情伤的杜鹃小姐从此做起了影子情人，并且甘之如饴。

我旁敲侧击地问她，想印证一下我对地下情假恶丑的猜测，不过她每次都笑颜盈盈地给我描述他们之间的真善美。

比如说律师在工作上帮助她，教她怎么和领导周旋，怎么向上级汇报，怎么在综合考核当中表现得人见人爱，将她从一个智商和情商经常不在线的中二少女，点拨成职场御姐。比如说律师动不动就给她一沓现金，即便是她大义凛然地说“我不要，我不要”。结果就是他们秘密交往半年之后，杜鹃小姐富得连自己亲妈都不认识了。比如说律师不会像她的前男友一样气人，动不动就说“我在家打游戏，不陪你逛街了”；律师会说：“我现在在忙，忙完之后立马去找你。”

可是问题是，前男友在打游戏是真的在家打游戏，律师说他在忙，你知道他在忙什么，在哪儿忙吗？

如果她不跟我说这些，倒也罢了。关键是她忍不住向我甜蜜炫富，我自然不能忍住，稍微毒舌了一下：“他给你这给你那，他图啥？”

杜鹃小姐不高兴了：“他对我什么要求也没提，只是希望我快乐就好。”

吓得我虎躯一震，excuse me？

钱多烧得慌，怎么不去捐希望工程啊？

杜鹃小姐和律师有一个电话是专线联系的，后来有一天，杜鹃小姐愁容满面地来见我，说感觉自己的世界崩塌了，因为她“一不小心”检查了大叔的通话记录，发现他的小号有一个频繁联系人，频繁到每天早上大叔先打电话叫杜鹃小姐起床之后，然后就给这个号码打电话，每天如是。

杜鹃小姐慌了，毕竟他们在一起的两年里，她号称自己单身并且拒绝了所有的相亲和追求。

她通过朋友查到这位机主是一位70后女士。

她去找大叔对质，大叔表示，他跟那个人只是朋友，而且在他生命中的所有女人，只有杜鹃小姐是真爱。并且告诉她，她马上要升职，情绪不要太波动。而这个机会，她已经盼望了两年。

就在最后的冲刺时间，律师调去了别的单位。后来内部审计的时候，杜鹃小姐惊得三观尽毁，因为账面上显示，和律师有大额经济往来的，除了她之外，还有两个女人。

蔡澜说得对，男人只要想要偷情就会有一千零一种办法，偷情的高手，连到楼下吃一碗云吞面的机会都不会放过。

选择搞地下情的男人，都是嘴上蜜糖、内心砒霜的人。

接受这份感情的女人，也有自己的计算。不能挽着胳膊出去，别人问起情感状况只能装单身，约会只能选在月黑风高夜，被同龄小男生这么对待早就炸毛了，对大叔区别对待还不是因为大叔勾画的美好前景？

女人在地下情败露之后总是觉得自己是受害者，其实使她留下的根本不是爱情，而是欲望。

老辣的男人总会悬置一个阶段性的成果在女人面前，让女人知道，这个目标只有在他的帮助下才能够完成，所以女人会永远依附他，直到被他牢牢控制住为止。

有地下情的女人都是有软肋的，如果她缺钱，就给她很多很多钱；如果她缺成就感，就给她很多很多成就感。

地下情往往以欲望的吸引开始，和爱情很像，可是那并不是爱情。而类似非正义的感情对于年轻女孩的影响在于，跃过了和同龄男孩共同成长的阶段，你也永远无法从和同龄男孩的交往中获得乐趣。

所以杜鹃小姐走出阴霾，再次流入相亲市场，所有适婚年龄的男生对她来讲，都是幼稚，幼稚，幼稚！

喝过 50 年陈酿的人，谁还喝得下 30 年陈酿？

我有一个姑姑，是少见的冻龄美人。我 3 岁的时候，她抱着我拍的照片现在还挂在家里，那时候她什么样，现在基本上还是什么样。

她第一次结婚的时候，在家里目睹老公出轨，从此之后，两人恩断义绝。后来遇到一个混演艺圈的香港人叫瑞恩，他们在一起了。

瑞恩在香港有自己的妻子和孩子。姑姑问瑞恩什么时候离婚，瑞恩总是说，回香港就办。然而办了 8 年，还是没有办下来。不过姑姑依然很以瑞恩为傲，虽然他们一年见不了几面，但是她总喜欢跟我说："瑞恩又去巴西拍电视了。哦，这个地垫是瑞恩从剧组里拿回来给我的。"

多年以前，有一次我要去找她吃饭，她说："哦，不好意思，我正要去西班牙探班，等我回来再说吧。"

回来之后我去找她，她喜不自禁地说："他说要拍戏，没办法陪我，在机场给我买了一块欧米茄手表，好看吧？”

那时候，我背了一个饺子包，尼龙布做的。她看见我的包就问我：“哎呀，你这包多少钱？”

我一脸蒙圈地看着她：“50 块钱啊。”

她扑哧一声笑了：“在哪儿买的？”

“金五星批发市场啊。我买拖把的时候刚好看见，样子挺好看的，我就买了。”

“你这是假的，仿货懂吗？看我的包，珑骧正品，限量版，3000 多块钱呢。”

我第一次知道这个牌子，就是这个典故。

有一天我们在喝咖啡，她接到了瑞恩的电话，当时她还挺高兴的，放下电话之后对我说：“瑞恩太忙了，在片场忙得要死。”编剧都写不了那么狗血，闺密刚好在机场看见瑞恩，然后打电话告诉她：“哎，我看见你们家瑞恩了。”

她当场脸色就沉了。

后来她又去探班。探班结束，瑞恩像是每一次机场分别那样把她送上飞机，绅士一样摆了摆手。等到她落地报平安的时候，瑞恩没有回复短信。之后她再打电话，电话不接，再打，响两声就正在通话中了。8 年的感情，就这样无声无息地被掐掉了。

那天她开车，我坐在副驾驶上，她说了一句很潇洒的话：“我们都是成年人，我们用成年人的方式解决问题。”但是停了一会儿，她又很感慨地说，“如果第一段婚姻就成功的话，我的孩子现在也有 17 岁了。”

人们有地下情的时候，打得热火朝天，总觉得自己的感情是特别的、悲壮的、孤傲的。最后发现，不过是普通的匹夫匹妇。

然而流逝的时间，再也不会回来。任何一段非正义的感情，都要付出代价。一时爽得不行，最后肠子悔青。所以在地下情当中的姑娘，趁早收手，反正已经拿到了不少东西，什么时候走都不吃亏。最怕就是孤注一掷，又不能及时止损，耗得越久越来劲，最后落得个鸡飞蛋打。

得到的都是侥幸，失去才是常态

五年前，我独自坐火车从慕尼黑前往荷兰阿姆斯特丹。

我背着双肩包走出蕴藏着华贵和沧桑的阿姆斯特丹火车站，参观了凡·高博物馆，然后嚼着一欧元的汉堡逛到红灯区，那里人们摩肩接踵，穿着荧光比基尼，或者补妆或者摇摆的舞女把我看得一怔一怔的。在灯红酒绿的红灯区边的小烟铺，挑了三包雪茄给家父。总共六根，才花掉五欧元，比我想象的便宜很多，兜里掏着钱，心里偷着乐。

溜达到晚上 10 点，已经没有什么好逛的。查一下车票，发现最晚一班回瑞士的火车已经开走，最早班在次日早上 7 点。

虽然晚上的阿姆斯特丹也很冷，但是为了省钱，我还是回到火车站把双肩包一卸，找了个长凳子，打算将就一夜。刚开始，来来往往的人还很多，坐着坐着，只看得到下火车的人，看不到赶火车的人了。火车站里越来越冷，我还是决定按照原计划枯坐到天亮。

这时，我右边不知什么时候来了一位矮个子男子，他问："你是哪里人？"

“中国人。”我说。

“你怎么不去坐火车？”

“今天已经没有了，我等明天早上的。”

“你还是去机场或者找个地方住。别看现在人来人往，等到半夜，谁也不能保证你的安全。”

我听了，心里暗暗叫苦。他还想跟我说些什么，话说到半截，被左边一位高个男子截了话头，他说：“我不知道那个跟你说话的人有什么目的，但是我要告诉你，这里到了晚上很不安全，其实这些人说的话是一样的。我来这里是为了接我的好友——韩国女孩，到我家里小住。没地方住的话，你可以考虑去我家。”

我同意了。

那个矮个男子也悄悄地不见了。

等到韩国女孩出来，我跟着他们一起坐着车回到住处。我穷游十几天，终于可以不用导航、不用步行换地铁四处打听，就到了住的地方，终于痛快地洗了个热水澡。晚上，我和韩国女孩睡在客房的高低床上，我也十足地感恩，因为我走了一路，都是订的四到八人的青旅，经常被呼噜声吵得睡不好觉。

第二天早上起来，房主和妻子已经在小饭桌旁等我们了，他特意给我们一个人两片面包，抹上厚厚的猪肝酱，一口咬下去，全是阳光的滋味。他还打趣说：“欧洲人听到中国人吃猪脚都觉得不洁，可是看看我们，我们这个酱可是猪、牛、羊等好几种动物的肝脏做成的，能干净到哪儿！”

后来，我回到在瑞士的寓所，在超市买了一模一样的肝酱，却怎么也吃不出那种阳光的味道。

那时我才相信人的味蕾和心境、处境呈负相关。越是落魄，触感就越是灵敏。

早在几十年前，相声大师刘宝瑞先生有一段名叫《珍珠翡翠白玉汤》的单口相声。那时朱元璋兵败，只身一人逃到郊外的小破庙，他饥寒交迫，刚到庙门口，实在支撑不住，倒地昏迷不起。不久之后，平日里就住在这破庙里的两个要饭的回来了，先是看见有人倒在地上，吃了一惊，然后伸出一根手指到鼻子底下，摸摸这人还有热气，赶快抬到屋里。

屋里暖和了，朱元璋苏醒过来，又渴、又累、又饿。两个要饭的也没有什么好招待，就熬了一锅烂菜汤，怕朱元璋喝不饱，扔进一点儿饭饹馇、臭米粒、馊豆腐、白菜帮子，朱元璋咕咚咕咚喝下去，觉得像是一下子就打通了奇经八脉。过了几年，朱元璋当了皇帝，每顿菜好几十道，都是天下第一的厨子烹制，好吃是好吃，但是都不如当年那小破庙里的“珍珠翡翠白玉汤”那样荡气回肠。

慈禧晚年的贴身女侍官德玲回忆，老佛爷在宫中每天的正餐要有一百多个菜，而且也就是吃几样，剩下的都赏给皇后或者地位更低的官吏。除了正餐之外，还有餐后小甜点，什么银耳莲子羹啊，想吃的时候直接传旨下去，御膳房立刻生火做饭。八国联军打进北京，慈禧慌不择路逃往西安。路上又饥又渴，前来迎接圣驾的官员没有什么东西可以进献，带来了几个农家做的窝头，战战兢兢地献给老佛爷，还生怕这已经变得十分不干净的食物会惹得她老人家不高兴。慈禧接过来，丝毫没有迟疑地咬上一大口，高兴得满眼泛泪。

人生在世，总是想要抓住些什么。而我们所抓住的，又以为能够长久地拥有。

其实，人生更像是一条曲线，得到的都是侥幸，失去的才是常态。

东方卫视的综艺节目《笑傲江湖》有一期来了位看起来岁数不小的喜剧演员，自我介绍说，名叫于金良，来自东北，带来的表演是口技。表演完之后是点评环节，郭德纲说："我看你身手不错，长得也挺眼熟。原来《曲苑杂坛》里面有一帮喜剧演员，洛桑啊什么的，其中有一个人叫作于小飞，是不是你？"

他说："我原名叫作于金良，艺名叫作放驴小子于小飞。"

现场观众和评委大惊，因为这是当年如雷贯耳的名字，是一线的喜剧明星，不知道怎么就突然从观众视野里消失了，而且一消失就消失了 15 年。

"怎么回事啊？"郭德纲问。

"我出去做生意了，二次生意都以失败告终。"

“仔细讲讲。”

“第一次做生意是在北京，我开了一个演艺公司，赶上‘非典’；我又开了一家饭店，又赶上禽流感；后来我回到东北，开了一间二人转剧场，这个是没问题，就是我那地方只有一条道能进来车，然后修地下商场把这条道封上了，没过多久赶上拆迁，把周围一万多居民全拆走了，等于就剩我一个人在那儿了，这又败了。”

这三件事情就好像是跟他开玩笑似的这么巧，观众席上发出难以置信的讶异声。于小飞说，他因为事业的失败，家庭也跟着动荡，经历了三段婚姻，现在算是稳定下来了，主要的收入靠做微商。

所以，台湾作家吴念真说，他成年之后领会到的最彻骨的一个道理就是，对于所有的事情都应该保持着得之我幸、失之我命的心态。

想清楚了这一点，失去的时候就不会那么悲观，得到的时候才能够潇洒地珍重。

矫情病犯时
把日子倒着数，
就懂事多了

发挥一下你的想象力：如果你和你爱的人，只有三个月可过，你会怎么办？

会继续摔摔打打，讨论昨天油碗该谁洗、今早的柠檬不够甜、明晚的羊蝎子又没订上？还是会骂骂咧咧："叫你把羊肉丸子汤端到我的面前，你怎么还没端？"

大学的时候看过一部英文电影，叫作*If Only*，中文名翻译为《如果再爱一次》。男主伊恩有一位可爱并且才华横溢的艺术家女友，他们就像这个世界上大多数的年轻人一样，每天为了生计奔波。他们也没有很多时间相处，早上见一面，晚上见一面，睁眼后就为谁比谁更磨蹭而拌嘴，闭眼前因为该谁刷碗又没刷而抓狂。一天一天地，也就是这样过。一天，伊恩穿戴整齐地去接演出结束的女友，他们又发生了争吵，女友一怒之下打车离开，车没开出去多远，就发生了惨烈的车祸。他的女友，傻乎乎爱矫情的女友，每天抱怨说他们时间不够的女友，就这样没有了。

男主得到了一次让时光倒流的机会，女友出车祸的当天，他出奇地温柔，抛下工作，郑重地买了一束花，他们一起去爬山、听音乐会，在他出生的老房子里感激生命。那时，他已经决定代替女友去死，并对她说："谢谢你教会我如何去爱。无论我剩下的光阴是 5 分钟还是 50 年，在我人生的规划里，都写满了爱你的内容。"

在这可以相爱的最后一天，他的心里突然变得无比柔软。

恋爱中的人总是容易脸色一喜一悲，心情时好时坏，忍不住就要摔摔打打。其实，根本就不是打算分开，主要是因为有治不完的矫情病。曾经有一个朋友扯着我的袖子哭诉，那些年，她和前男友因为一碗冒菜吵得不可开交，现在想起来后悔不已。

她痛哭不是因为终将失去，而是因为在一起的时候没有用力拥抱，分别的时候也没有机会好好说再见。

所有的人都以为自己的时间很长，荒废昨天，糟蹋今天，期待明天。但实际上都是爱的倒计时中，时间一分一秒地过去，没有人知道意外和明天哪一个优先到来。

45 岁的台湾男演员、导演金士杰和 52 岁的台湾女星叶雯相恋，共同走过 10 年的浪漫时光。叶雯是玉女明星，但是后来饱受宫颈癌的袭扰。她得病的时候，金士杰就陪在她的身边，看着她淋巴肿得那么高，脚踝肿得那么大，心疼，却无能为力。金士杰知道她的痛苦，所以每一天过得都倍加珍惜。10 年后的某一天，叶雯不堪忍受，在海边坐着坐着就跳了下去。

叶雯走的时候，金士杰措手不及，因为有一次他和叶雯看电视，叶雯看到新闻里有人自杀，还很不以为然地说，自杀是最笨的办法，而且死去的样子会很难看。

金士杰没有想到叶雯会以这样的方式结束生命，虽然他知道她时日无多。在她最后的告别会上，金士杰一身黑衣，从口袋里缓缓掏出一张自己撰写的追悼词，念道：

“叶雯，你不在我们身边的第二天早上，我起床，第一个念头是这个世界不甜了。这么多年，你给我最大的感受，就是甜——心甜，笑容也甜，连在 KTV 唱首悲伤的歌也甜甜的。

“我太喜欢、太想念你的笑声，笑得像小孩子，像个小傻瓜，像天使。一个最善良、最纯洁的灵魂，才会有这么甜的欢笑。我真的感激，从头到尾你我共同走过的每一步路，每一个记忆。我喜欢和你出国时一起看着火车窗外，一起在饭店的阳台上，边喝点小酒，边看湖赏雪。

“我喜欢和你在一起，练习读剧本台词的感觉。我喜欢你听我讲完一大堆严肃的分析见解之后，突然赏我脑门一个脆巴掌，然后笑得人仰马翻的。

“我喜欢你那么在乎我写给你的情书，一张张一捆捆地收集在床头，有时拿出来偷偷重读，又偷偷哭起来。

“我喜欢你看到马路上红灯刚亮，就像个小贼一样，一马冲过街。

我嘲笑你出息不大、恶习难改。你呢，笑得蹲在地上还笑不停。还有太多太多可爱的画面。

“记忆是可怕的。但换个角度看，记忆也是最可贵、最美好的。它们会陪着你陪着我，以及我们每一个至亲好友，到永远。

“你有一次说：‘这么多好玩的事情来不及记下来，忘了怎么办？’我说：‘如果你会忘掉，别怕，我会替你记得。’你说：‘那就好。’既然那就好，那么我就好好提醒你一个事。

“有两个五十多岁，刚刚开始恋爱的中年男女。女的说：‘下辈子投胎做人，我一定来找你。’中年男人的回答记得吗？他很得意，但又装得很酷地说：‘很好！但下次请稍微早一点来找我。’然后，那个女的，笑了很久，很久，很久。”

这世上有个笑点、泪点一致的人已经很不容易，遇到了，就要好好珍重。留给金士杰和叶雯的时间不多，留给我们每个人的时间同样也不多。

一年365天，成年人睡觉8小时，工作8小时，剩下的时间给父母分一点，朋友分一点，看电视要一点，打游戏要一点，做面膜要一点，发呆要一点，发嗲要一点，发飙要一点，最后剩下两个人正儿八经相处的时间，不过三四个小时。一年算下来，最饱满的情况，不过是45天。

在一起3年，不过135天。

就是在一起30年，不过1350天。

不是说昨天以及以前每天都见到的人，以后能够见到的概率越大，不然，哪来的分别？哪来的死亡？每天去喂鸡吃谷子的人，最后也是这个人扭断了它的脖子。随着岁月的流逝，上帝会不断地从我们身边拿走一些东西，拿掉你的胶原蛋白，给你松垮的眼袋；拿掉你的健康，给你厚厚的病历；拿掉你的眼前人，甚至连招呼也不打。

“二战”的时候，有天早上，姐姐觉得弟弟很烦，就和他大吵一架，然后出门去了。等到中午回来，发现自己的家已经被炸成废墟，姐姐痛哭不已。她无比后悔，自己和弟弟说的最后一句话居然是“你好烦”！

年轻有很多好处，比如视力很好、身体很好、时间很多、周围有父母朋友陪伴；缺点就是你会误以为你拥有的就是永恒，以至于白白浪费了许多可能性，伤害了最不应当伤害的人。

许多人牺牲现在以服务未来，却忘了当下。

如果你能够想象，离开身边这个人，你的日子就不会甜，那拼命地矫情和作践感情就没有意义。

这辈子的遇见，都是前生注定的事，是莫错过的姻缘。因此，既然知道要和好，就不要吵架；既然看出会伤感情，就别再装腔作势；既然明白时间不够用，就把每一天都过得熠熠生辉。

张智霖和太太靓靓（袁咏仪）俩人，一人爱换跑车开，一人爱狂扫爱马仕包，结婚十几年都没有买房，但他们是娱乐圈内难得的恩爱夫妻。张智霖接受采访，谈到自己和靓靓的相处之道，说：“我时常会跟她在路上走来走去，就是在逛街的时候，我脑海里经常会出现一个画面，就是剩下我一个人在走，即便是牵着她的手。我必定有一天会是独自一人行走，或是她独自一人行走。既然今天能够牵着对方的手走，为什么还有那么多不满？如此不稳定的状态，而你却能在此刻拥有着，就应当好好珍惜。”

没有哪两个人是天生合适，查尔斯王子和戴安娜王妃也会分手。只有后天的珍惜，才能地久天长。

人生是一辆开往终点的列车，很多人上上下下，只能陪我们走一段。彼此陪伴的时候，要欢欢喜喜；下车的时候，要道声再见。

时光难留，珍重珍重。

我有一个朋友，问我：“自家媳妇儿矫情爱生气，怎么办？”

我说：“你让你媳妇儿把日子倒着数，看她如何。”

不久，他欢天喜地地告诉我：“懂事多了！”

帮忙就帮忙，扯什么个人成长

在央企工作的张雯雯越干越郁闷。原因很简单，她入职时间已经不短，每天还是被领导和同事呼来唤去100遍。

“张雯雯，订书机没钉了。”

“张雯雯，去取个快递。”

“张雯雯，打印机卡纸了，给技术部打个电话。”

“张雯雯，星期天你没事吧？没事去机场接个领导，来回发票留着，到时候单位给报销。哦，对了，回头我把航班号发你手机上啊。”

用得顺手了，不仅主任用她，比她早来的同事也盯上了她这个软柿子。这些小姐、太太宁肯自己闲得发毛，也不愿意让张雯雯闲着。

“张雯雯，把窗帘拉一下。”

“张雯雯，饮水机该换新桶了。”

“张雯雯，我有点事要提前走一会儿。老板的机票你帮忙订一下。谢啦。”

10分钟之后，这位天仙更新了朋友圈，哦，原来是给自己的爱犬做美容去了。

当时的张雯雯刚刚研究生毕业，她参加高校辅导员考试落榜，面试北京植物园被虐，投简历，从世界五百强到旅游网站、客服都投了个遍，约谈面试的寥寥无几，更别提走到最后了。她在找工作的期间跑来和我吃饭，点了一盘酱油炒饭就开始往嘴里扒拉，埋着头，大嚼特嚼到没有形象，盘子空了之后，她抬起头，眼睛耷拉着，脸上挂着两滴泪珠。后来，她终于得到了这个央企的职位，高兴坏了。她十分中意央企的金字招牌，刚入职的工资就能拿到六七千元，她跑来跑去虽然累，但心里挺美。

那天，她坐着地铁到花卉市场给办公室购置新盆栽，在熙熙攘攘的市场里，跟打了鸡血似的给我拨电话："各种经历挫折都不是事儿，都别想把姐搞倒，姐要活得更好！"我唯有祝福她把花盆抱好，小心跌倒。

最近国企央企普遍降薪，张雯雯作为本地人，由于不再补贴交通费等，降薪尤其厉害。她的薪资陡然缩水一半，莫名其妙的工作量却陡然上升。她 365 天全年无休，下班时间和双休日也不能闲着。周末约她逛街，我已经形成了条件反射，只要她神色紧张、畏畏缩缩地示意我："嘘，你别说话啊。"我就知道主任或者老资历大姐又来电话了。

接了电话，张雯雯会以我在大学时候从未见识过的柔声细语说：

“喂，哦，主任，有，有，有，我有时间……哎，好嘞，好嘞……主任您放心，我知道了，嗯嗯，就这样，主任再见！”

撂下电话，张雯雯凶神恶煞地啐了句：“我靠！”

我说：“咱能不这么分裂吗？”

她说：“我没办法啊。”

张雯雯气愤就在于，本来是合法的休息时间，却要被占用了。她的主任在暖和的三居室里含饴弄孙，她却要辗转四趟地铁，步行一公里，带着由主任转达的董事长的口谕，去某学者住处取一份推荐信。即便是现在的快递已经可以朝发夕至，她还是得去。

我说：“有时候可以适当拒绝，不然这种事情回回找你，又不升职，也不给加班费。做得好也不长脸，做不好还挨骂。”

“算了，拼爹、拼业绩是不行了，刷刷感情分，以后可能会有升职机会吧。”

不管年龄大小，只要刚入职场的，就可以称为职场新人。基本上所有的职场新人都会遇到的一个问题就是，领导和同事不会让他们去做很重要的工作。这点大家也心里清楚，因为谁也不会对刚入职的人抱有太多期望。于是他们的时间就被打印、发传真、送材料和给饮水机换新桶占满了，而且有不少人还在为同事乃至别的部门的上司做事情。

他们乐此不疲，希望从扫地和端茶倒水中以小见大。当做琐事的虚无感涌上心头，他们便会安慰自己：一屋不扫，何以扫天下？是金子，走到哪儿都会发光。

曾经有人在知乎上提问：“上司只让我做最简单的工作，怎么办？”

然后还有人煞有介事地回复说：“要善于从最简单的事情总结规律，例如，上司让你每天扫地，那么你就要想了——为什么领导要我扫地？以前同事是怎么扫地的？这样做有效率吗？哪些扫法是我可以学习的？公司哪些旮旯最脏？分别在哪里，能记住吗？我总结出怎么扫最干净？按照我的做法有哪些改善？我从扫地中学会了什么？于是下次公司开卫生会议，谁最清楚公司卫生漏洞？在哪些地方？谁最懂高效率的清洁方法？公司在卫生方面有哪些可以改善……”

这种属于典型的鸡汤喝得太多。你这么厉害，升职了吗？飞起来了吗？

法国哲学家萨特曾经有一个比喻，他把人生的盲目性比作驴拉磨，当人在驴面前放一把草，它就会为了吃那一把草拼命地转圈拉磨，然而它永远吃不到那一把草，不过让它拉磨的目的已经达到了。然而很多人还是会为了那一把稻草而前赴后继，哪怕是任重道远，也义无反顾。

很多刚入职的新人或者是在学生会做事的大学生，觉得别人给他们的任何事情，都应该点头应允，他们沉默寡言地把事情做得又快又好，希望得到一些肯定和关注，然而获得的往往是更多的额外工作和他们一事无成的印象。即便是这样，长官和资历稍老一些的同事，也觉得年轻人多做事本就是应该的，做了不会给你加分，但是你不做就会给你减分。

一天去银行办业务，听到了这样的谈话："现在的80后啊，特别狂妄；90后呢，特别懒惰……"她们谈话的声音特别大，在等待叫号的我抬起头，循声望去，是两位看起来有五十多岁的女人在对公业务窗口交谈："我们刚工作那会儿，特别愿意干活儿，特别想学东西。年轻刚参加工作的时候，领导给布置个什么任务，我们可高兴了，都抢着干活儿。现在的年轻人，你让他干点活儿，都觉得是在欺负他！"

抬眼一看，那派头，那架势，应该是在机关工作了一辈子的中层女干部。尽管她们愤愤不平，我心里还是觉得有点舒坦，觉得现在的人和我们那时候不一样，有态度。

规矩就是这样，忽悠的人多了，也就成真的了。最可怕的是，把忽悠当真了好几十年，被别人麻醉之后还去麻醉别人，那才叫真正的病入膏肓。她们也学着自己的前辈，在年轻人面前画大饼，让人拼命，在琐事上耗尽心力，错过了最好的学习时间，就等着卸磨杀驴了。

因为鬼话就是鬼话，不因说出真情实感就变成真话。

只有把简单的事情做好，才能把复杂的事情做好。这话只对了一半，对了一半的话，严格意义上来说，也叫谬误。这句话还有完没完，他们不会说的。那就是即便把简单的事情做好，复杂的事情也不一定能做好，甚至，根本就做不好。

所以最痛心的就是有些年轻人脑子都被洗成糨糊了，还傻乐呢。

又接到张雯雯的电话，她有点颓废了，说："同样都是一起入职的，我隔壁的关系户小姐很早就下班了，主任根本就不敢让她干活儿。我天天忙忙叨叨的，自己分内的要管，别人分内的也要管。好痛苦，想离职。"

我说："你跳槽吧。我有认识的朋友在互联网公司，帮你引荐一下。"

她想了想说："不了，我去那儿能干什么呢？我在这儿好几年，什么也没学会。再换一家单位，八成会被开掉的。算了，还是在这儿趴着吧，一个萝卜一个坑，好歹这是个属于我的坑。"

所以，要抓紧时间培养自己的核心竞争力。核心竞争力，就是你离开这个单位，离开这个主任，离开这份工作，也照样可以活得很好，甚至活得更好。不要指望着别人培养你，自己培养自己。不然，最后被卸磨杀驴的也是你。不要把希望拴在别人的裤腰带上，要牢牢把握在自己手里。

人最不能浪费的，就是时间；唯一赚不回来的，也是时间。

在这个拼爹的悲惨程度仅限于没爹的时代，你的软弱和退让，不仅不能改变这个世界的残酷，而且不能稀释四面八方的恶意，所以，百无一用。

没有核心竞争力，没有可以真正抓到自己手里面的东西，就如同一只蚂蚁，爬到了一个满是大象的屋子，这样蚂蚁能拼得过大象？痴人说梦吧。

做生活的强者。因为强者做自己想做的事情，而弱者只能做自己必须接受的事情。

观望的人还在观望，尝试的人已经开始尝试，成功的人已经在成功。最大的成本就是时间，最大的机会也是时间。别指望着吃点边边角角的利息，最重要的是再创新天。

不要觉得你还年轻，时间没那么重要，即便是不工作，生活中美好的事情也很多，为什么要让别人的事情把你的时间切割成一片一片的？

人生苦短，懂得让自己开心才最重要。

任何人都想要上进，但是上进需要找到要领。这个要领就是集中注意力，在真正有利于个人提升和自己真正的兴趣方面。并且学会闭上自己的耳朵，不要管别人怎么说你。

当你接受不是你职责范围内的工作的时候，你要想清楚，这只是在帮忙，帮长官，帮同事，帮熟人，不要想象把这些小恩小惠当作是你日后向上走的砝码。一是很幼稚，二是你有可能会扑空。而当你降低了对别人的期望，你整个人都会快乐很多。

史蒂夫·乔布斯说过，成功的第一步就是要集中注意力，而集中注意力就是学会拒绝。所以从现在开始，当你决定把注意力分配到什么地方前，就要先想清楚，并且开始就要认识到，没有人能够夺取你因为自身能力提高之后获得的无限机会。同时要明白，在什么时候你必须拒绝，知道你在拒绝，并理解为什么你可以拒绝。

当你手头有事，或者在休假的时候，你决定拒绝别人委托你做事情的要求的时候，你要想清楚你拒绝的原因。不是因为赌气，而是因为时间是你的私人资产，唯有你才有权支配。如果你随叫随到，这样就显得你很空闲，所以试图占用你时间的人就会变得无限多，而且他们不会有丝毫的感激之心。

永远不要让那些斑驳杂乱的事消费了你的时间成本，不要让自己的时间犹如粉末般被分解得支离破碎，不要让别人的紧急优先于你的重要，不要让自己在颠沛流离当中忘记了最初的梦想。

为别人生活，那叫碌碌无为。

为自己而活，才会有滋有味。

试图通过走捷径获得认可太幼稚，毫无意义的想象纯属浪费时间。唯一能让你获得尊重的，并非是你做了多少事，而是你使自己强大起来后的不卑不亢。

当你明白了这一点，做梦都该笑出声了，因为多少人巴不得你呆头呆脑，成为那头拉磨的笨驴，日后磨刀霍霍也不一定。而你已经站在更加清醒的地方，等待拥抱一个更好的自己。

要学会拒绝，把时间把握在自己手中，并且使自己的能力像年轮一样慢慢积累。做一个热心的人，但放弃使所有人都满意的努力。

成长的一个重要标志就是，分清什么时候该讨好，什么时候该不讨好。而往往不讨好的态度，更能够助你一臂之力。

借一句鲁迅说的话："我们目下的当务之急是：一要生存，二要温饱，三要发展。苟有阻碍这前途者，无论是古是今，是人是鬼，是《三坟》《五典》，百宋千元，天球河图，金人玉佛，祖传丸散，秘制膏丹，全都踏倒他。"

我承认不计较得失是优秀的品质，但是对于二三十岁急需力量的年轻人来说，该计较的时候不计较，也是自以为是的一种。

人只有一辈子，享受还来不及，哪有时间讨好那些怪招百出的人？

第二章

女人不可以穷

马冬梅，醒来觉得甚是爱你

他叫夏洛，因为他刚刚出生，他的爸爸就下落不明了。

她叫马冬梅，因为她来到这个世界上的时候，她的爸爸马冬就没了。

三四十岁的爱情，在郁郁不得志的现实和柴米油盐中弯弯绕。没有前景的事业，并不美丽的妻子，都是中年人的心病。谁谁谁已经第二轮融资了，××× 又添了一对可爱的双胞胎，甚至新闻里别人的风光，都可能成为对于现实的讽刺。中年人的困境就在于，总是向往着最高级的虚荣，却不得不蜷缩在现实的、卑微的角落。

夏洛听说高中时期的梦中情人要结婚了，于是盛装出席。他的妻子马冬梅不知道怎么找到了他，大闹婚礼现场。夏洛本以为最坏不过是三十多岁，梦想没有出口，却有马冬梅这样一个充满了柴火气的妻子，没想到比这更坏的是，他这位接地气的妻子当着老同学的面拆穿了他所有的伪装，让他的虚荣心无处遁藏。夏洛灌了自己许多酒，进入一个光怪陆离的梦境，自己回到了过去，回到了高中时期，他和最美的秋雅坐同桌，戏弄最讨厌的班主任老师，在全校同学面前向秋雅表白。他作曲、唱歌、弹吉他，火了个半边天。他的眼里没有马冬梅。

夏洛觉得他是不会爱马冬梅的——脸盘大，身量宽，脾气火暴，嗓门粗。正常的时候特别黏人，不正常的时候撒泼耍赖，走起路来像是骑着猪，除了是练标枪的好苗子，没有任何吸引人之处。哪像人家秋雅，瓜子脸，柳叶眉，肤白貌美，我见犹怜，就连不合身的校服，都能穿出贤淑的味道。

娶妻就当娶秋雅吧。条儿顺盘儿靓，带出去倍儿有面儿！马冬梅？哼。

夏洛如愿以偿，获得了巨大的世俗成功，他一无所成时对于他的爱推推搡搡的秋雅，也终于来到他的怀抱。直到有一天，他忽然记起那个像是鼻涕虫一样黏着他的马冬梅，那个听到他喜欢别人就不高兴的马冬梅，那个生怕他受委屈甘愿跟着黑帮老大去小树林的马冬梅，已经成为别人的妻子。

已经成为大明星的夏洛去找马冬梅，她给他端出一碗他曾经十分嫌弃、抗拒的茴香打卤面。夏洛一下子百感交集，后来跑去找她的丈夫交涉："我把一切都给你，你把马冬梅还给我，好不好？"

有人说，这一段看起来很假，怎么可以？以所有的名誉、财富、运气去换一个柴火妞？我想，如果一个人对于你足够重要的时候，你也会这么做的。朱生豪先生说得好："我们都是这世界无用的人，却都是对于彼此重要的人。”

《大内密探零零发》里，有一段让人印象深刻。阿发不受皇上重用，心情郁闷地和老婆吵架。刘嘉玲说：“你怎么知道我躲在桌下？”周星星答曰：“你每一次都是躲在桌下的啊，有什么办法可以不知道你躲在桌下面呢？拜托你用脑子想一想，再找几个新鲜的地方来躲，好让我有一点新鲜感好吧？”刘嘉玲说：“可是不躲在桌下，我怕你找不到我嘛。”

我一直记得阿发夫妇的这段对话。看了《夏洛特烦恼》，又觉得阿发很像夏洛，戏里的刘嘉玲很像马冬梅。人啊，总是有两副面孔，喜欢做不属于自己的梦，握着根本就握不住的沙；又不珍惜轻易得到的东西，不把寸步不离对自己好的人当回事，而这样的人一旦撒手就不会再回来。

夏洛从梦中醒来，觉得甚是爱马冬梅。她穿着不时髦的浅色上衣，戴着老土极了的遮阳帽，头发是烫过的，可是一眼就看得出是街边小发廊的水准，于是她整个人看起来比实际年龄大上个好几岁。可是不知怎么的，夏洛就是觉得她看起来十分顺眼，胜过之前十倍、百倍。

去过医院病房才会知道健康的重要，到过穷困的地方才会了解当下的可贵，失去过转身离开的人才会明白深情不及久伴。

已经给了最好的生活，却还想出去漂泊。讨好不该讨好的人，演绎并不擅长的人生，是任性，更是人性。于是不去珍惜那些轻易拥有的东西，因为时常有一种当下的拥有即永恒的错觉。直到发现时间不住地流逝，过去的每一秒都已经找不回来，才追悔莫及。更不幸的是，不是每个人都有时光倒流的机会。

夏洛是幸福的，因为一梦醒来，马冬梅还是自己的媳妇儿。40 平方米的小屋，马冬梅收拾得干干净净；一碗茴香打卤面，马冬梅做得诚意满满。

我能想象最好的爱情，就是菜在筐里，你坐在后座。虽然你不能使我的虚荣都变为现实，但你是让我安心的秘密武器。和你在一起，不怕疾病与贫苦，也不怕老之将至。而我能想象最好的时光，就是你温暖我一下，我温暖你一下，然后我们一起来日方长。

夏洛这样的浑蛋很多，可是马冬梅这样的笨蛋很少。她也许长得很粗糙，但是她的爱很精致。她必然不是最好的，但是她会给你最好的。如果遇到了这种虽然傻气却又爱着你的人，请千金不换。

正如朱生豪对宋清如所表白的：“我一天一天明白你的平凡，同时却一天一天愈更深切地爱你。”

马冬梅，我的世界不大，欢迎你随时前来捣乱。

找个有趣的人白头偕老

前几年，有读者问香港作家蔡澜：“女孩子最珍贵的品质是什么？”

蔡澜回答得很简单：“贤淑，调皮。”

蔡先生对于女人的见解发表了很多，多到已经被人整理出了两本不大不小的小册子。我理解他这句话的意思：可爱的女人不仅要待人柔和，而且要有幽默感，有生活趣味。大概是和这样的女人在一起，舒坦，不累。

清代人蒋坦写的《秋灯琐忆》里，他的妻子秋芙就是个有趣的人。秋芙酷爱下棋，她棋艺不精，但是又常常拉着蒋坦下棋直到天亮。有一次，她把下注用的钱都输掉了，蒋坦笑她赢不了。秋芙不服气，赌上自己佩戴的玉虎，结果这局眼看又要输，她便耍赖，使唤怀里的小狗爬到棋盘上搅局，蒋坦拿她没办法。而这也成为蒋坦后来枯槁暮年的亮色回忆之一。

有趣的人一般都是心思单纯的人，心底有愉悦，对于得失没那么计较。有时候耍点小赖皮，其实很自律。有趣的女人不是只会笑不会哭，她们哭点很低，笑点也很低，因此很好哄，也很喜欢哄别人。

林语堂曾说：“《浮生六记》里，沈复的妻子芸娘是中国文学史上最可爱的女人。她的不俗之处在于，即便是夫家没有给她提供足够好的物质生活，她也能够把琐碎的生活过得快乐无比，一蔬一饭都能自得其乐。”群居的时候不哀怨命运，孑然自处的时候随顺喜乐，无论被这个时代怎样对待，都可以找到平凡的乐趣。

沈复生于清朝乾隆时期，正值太平盛世。他虽出身于小康之家，但是因为没有功名，和芸娘结婚后，同父母关系又不是很融洽，于是经济上凄凄惨惨，经常要依靠亲友的接济生活。芸娘性格柔和，相貌秀丽，喜欢穿素净的衣服，擅长绣工，布鞋做得尤其好，家里缺钱、缺酒或者要报答别人恩情的时候，她就拿自己的手工出去卖，或者作为报答回馈给别人。芸娘对于做饭有天分，给她几样寻常蔬菜，她一定可以做出不俗的口感。

有一次，沈复插了一盆花，但是总觉得不够生动，芸娘看他苦恼，于是找来小蝴蝶和些许小昆虫，用细细的丝线缠绕在花的茎上，这神来一笔，见者无不称赞沈家的盆景有奇思妙想。

芸娘守规矩，但不假正经，侍奉公婆是本分，她也很好奇外面的世界。有一年，她想去看庙会，可是碍于是女子，于是和夫君稍微一商量，瞒着婆婆，在家里偷摸把眉毛画粗，戴上帽子，微微露出鬓角，穿上夫君的衣服，扎紧腰带，脚踩时兴的男士蝴蝶履，拉起沈复一起去逛庙会。

有趣的女人是捕手，敏捷地捕捉着生活中的美。芸娘自然是一个有趣的姑娘，她的能力在于她可以把最琐碎乃至最落魄的生活过得生机盎然。尽管生活对她严厉，她依然勤快地捕捉着美好。这是中国古代士人讲的“趣”，这个趣是宠辱不惊、是“不以物喜，不以己悲”、是“虽在陋巷，人不堪其忧，亦不改其乐”。

心中有诗意，因此微笑；心怀有智慧，因此常感恩；胸中有大欢喜，故而从不怨天尤人。

和这样的人在一起，不会害怕，每天醒来都像是重新开始，因为她们对于生活的热爱充满了生命，就像是红酒注入了高脚杯。

像三毛一样，住在撒哈拉也可以把生活过得很好玩。于是我想，有这样的人为伴，就算是身处黄沙漫天的沙漠，也不会觉得闷。

就找个有趣的人白头偕老，然后把日子经营得红红火火。容貌总会改变，面颊不可避免要松弛，可是对于生活的趣味则如同一技傍身，学会了就丢不掉。即便是生活处于不如意，粗茶淡饭不要紧，朋友散场没关系，兵荒马乱也无所谓，和这样的人在一起，一盏红烛，一杯烧酒，可饮风霜，可温喉。

京戏《乌盆记》里，开盆儿窑的赵大的媳妇儿评价自己的丈夫：“当家的，是个能人儿。又会烧瓦，又会烧盆儿，又会说，又会笑，说说笑笑是个有意思儿。”

这个世界上，一切都会消失，脸蛋、胸脯、金钱、权势。唯有对于生活不计回报的热爱不会朽坏。

当人有趣时，世界也会帮他的。

王小波说：“一辈子很长，就找个有趣的人在一起。”

微斯人，吾谁与归?

历经风雨的老实人，才是美酒佳肴

法国畅销书作家米歇尔·毕克马尔曾经写过一则名叫《鞋匠做的平底鞋》的寓言故事：

国王的公主到了该嫁人的年龄，但是她无论如何都不愿意嫁人。原来她已经心有所属，是位家徒四壁的小鞋匠。国王并不知道这件事情，于是给她下了最后通牒，说：“今年复活节前再没有结婚对象，父王就要自己挑选驸马爷了。”

公主慌了，说：“父王，我要嫁给能送给我最美丽的物质的人。”

国王喜出望外，赶紧命人广贴英雄榜。于是五湖四海的青年才俊献上了各式各样的珍奇异宝，俊美的马匹、稀有的钻石、华丽的裙子、会说多种语言的八哥……公主通通不动心。当有位小鞋匠献上一双朴素的浅口平底鞋时，公主立马接受了。国王没有办法，只好对这对新人表达了自己的祝福。

这个寓言的中心思想是教导小朋友和大朋友们，谈对象的时候，别管他有没有钱，老实、靠谱、对你好就行了。

真的是这样吗？童话版的公主和小鞋匠的故事包裹着糖衣外套，现实版的公主和小鞋匠，往往没那么美好。

过去我在电视台工作的时候，有一位条件很不错的女同事，老爸是某房地产的老板，特别有钱。她本科毕业后去英国留学了两年才回国，长得也很可爱，头发碎碎的，脸白白的，很像TVB电视剧里的女二，每天开着老爸买的红色奔驰上班，下班就回到有三进三出的大豪宅。她刚回到北京，家里就张罗着给她介绍对象，她妈严格把关，每周给她安排最少两场高质量的相亲会，她完全没有任何感觉。

不久，单位来了一位新员工——乡下小伙儿，皮包着颧骨，面有菜色，额头上坑坑洼洼，天冷的时候脸上掉干皮。常穿着一件深色的廉价套头衫，肩膀上总是散落着一些雪片般的头屑。

然后他们在一起了。

我们都问她："那么多高富帅你不要，你喜欢他什么？"

她说："他老实，对我好。他说他心里只有我。"

有一个同事私下敲打她说："你要小心这个人，他只是为了你的钱。"

女孩不仅不信，还傻乎乎地跟她男朋友讲："他们说你就是为了我的钱！"那个男的打电话过来，把那位同事好一顿恐吓。

他们结婚了，女孩的父母给他们在北京买了房，换了一辆奔驰SL600，让那个男的做公司的副总。女孩大着肚子第一次跟他回农村老家，男的把她关在外面，不让她进门，说："滚！"大冬天的，女孩在农村的泥泞地上哭哭啼啼地溜达了一夜——她从小活在玻璃罩子里，以至于她连宾馆也不会找。

后来那个男的跟她离婚了，孩子没要，卷了一大笔钱，跑得无影无踪。好几年了，她一直自己带着孩子和父母生活在一起。我不知道她现在怎么样了。

很多从小被父母娇生惯养的女孩都会说："我要找一个老实人在一起，老实人靠谱。"父母也会宠女儿，说："你找个对你好的，剩下的我们来帮你们想办法。"后来惊呼上当，女孩子哭哭啼啼地对那个人说："我当时就是因为你老实才和你在一起，你怎么可以这样对我？"

刘墉在《你不可不知的人性》中教导这样的父母和女儿："许多女孩子，条件好极了，却嫁了个人渣丈夫，或者是吃了无耻老豆的亏，就是因为她的家教。她的家教不是不好，而是太好。于是，她成为最慎重的投资人，手里攥着钱、抬着头，等了又等，于是最后当了抄手的替死鬼。"

很多人把老实当作最基本的美德，其实人最难得的品质就是老实。真正的老实人有智慧，有眼界，不因诱惑起心动念。老实人是柳下惠，坐怀不乱；老实人是诸葛孔明，就算是交给他一片唾手可得的江山，也绝不会取而代之。

有一种低级的老实，叫作因为没见过世面而老实。这种老实太表面，也不堪一击，人们常以为这就应当是老实人的全部。而单纯的女孩不介意他们潦倒、不介意他们玻璃心、不介意他们一无所有，她们总以为遇到这样的人就该心满意足，她们以为这样的人就会永葆本色，她们以为老实人是不会变质的。和老实人在一起过过小日子，多好！

等他有钱了，他会成为有钱的“老实人”；如果他没有钱，他最起码还是个老实人。

这是典型的小女孩逻辑，戒之，慎之！

《西游记》第十六回，唐僧师徒借宿观音禅院。老和尚看中了唐僧的锦襕袈裟，要借去看一晚上。唐僧告诫悟空：“珍奇好玩之物，不可使见贪婪奸伪之人。倘若一经入目，必动其心；既动其心，必生其计。”

这人既然是个贪婪的人，还要给他看珍奇异宝，这和在饥肠辘辘的猫眼皮底下放生一条鱼，有什么区别？

穷书生张生和富家小姐崔莺莺海誓山盟，最后还不是做了高官抛弃了崔莺莺？

那些要来吃唐僧肉的妖怪，哪个不是装得楚楚可怜、童叟无欺？

历史和现实已经无数次证明：穷奢极欲的是这些老实人，始乱终弃的是这些老实人，卸磨杀驴的还是这些老实人。

画虎画皮难画骨，知人知面不知心。真正的老实人，经历过事情，见过场面，品尝过堕落，拥抱过自由。这个花花世界，暗礁重重，而当一个人知道的越多，看到的越多，经历的越多，就越容易明辨是非。对于什么该动心，什么该不动心，方才会水落石出。

有一次黄渤接受采访，记者问：“你找另一半是不是要找颜值高的？”黄渤说：“你还真说错了，我们干这一行，天天接触的都是帅哥美女，再追求颜值的人也疲劳了，我愿意找个说得上话的人。”

脸书创始人扎克伯格，430亿美元身家，永远穿一套衣服，坐在街边啃麦当劳，居然还没有把流产了3次的妻子踹掉去勾搭小嫩模。2014年，扎克伯格共计给慈善机构捐款10亿美元。有人好奇他的节俭，他说：“我是犹太人，如果我因为挣的钱多而炫耀，会被我的族人瞧不起。”对于真正的有钱人来说，钱是手段，不是目的。

刘墉告诫读者：“愈是没身份、没地位、没财产、没退路的男人，你愈要小心。”这样的人一旦得到自己想要的东西，往往会露出马脚。而那之后的可恶程度，简直能逼人悬梁。

远离那些以一无所有为耻，迫切希望改变现状，并且把爱情当作是手段的渣男，选择和有智慧的老实人在一起，这样的人，美丽的皮相不会使他目眩神晕，金钱财富不会腐蚀他的品性。

历经风雨的老实人，才是美酒佳肴。

没有了多巴胺之后，爱情才刚刚开始

看过韩剧《我叫金三顺》的人，可能会对里面一段台词有印象："男女到了爱情阶段，就会分泌出多巴胺和血清胺，多巴胺是在爱情中最重要的物质，能让人一时处于疯狂的状态，会让你无法意识到对方的缺点，会挡住你的视线。"

这话说得不错，而且发现了这个生物机制的科学家还在2000年获得了诺贝尔奖。因此，杰克和露丝在船上刚认识，杰克便能把生的机会让给她；罗密欧和朱丽叶为了能在一起，喝毒药抹脖子说来就来；梁山伯和祝英台不能在一起，都觉得生无可恋。

在多巴胺的作用下，热恋中的人都很任性。

不光是人，动物也会分泌多巴胺，在那期间它们可以完成爱情和交配。少则几个小时，多则几天，之后便分道扬镳，像是从来没见到过。雄性就去寻找下一个正在被多巴胺所操纵的雌性，而这位雌性则要独自承担起生养后代的重任了。

科学家已经研究出来，人类的多巴胺分泌从波峰到波谷的整个时间是两年，而数据显示结婚后最容易离婚的时间分别是两年后和七年后，巧了，刚好和多巴胺的衰变期吻合。

童话故事里，王子和公主结婚后就结尾了；浪漫电影里，男主向女主求婚后就杀青了；传奇小说里，男青年和女青年看对眼之后就私奔到月球了。

可是之后呢？王子会不会又爱上别国的公主了？男主会不会反悔了？女青年会不会奔到月球又哭哭啼啼回来找亲妈了？

以两年为大限的多巴胺是我们人类无法摆脱的动物性，那之后该怎么办？

如果受不了这样的闷，就趁早离开。我有一个朋友，他和女朋友刚刚和平分手，理由是交往一年多之后，他感觉不到爱情的存在了。

然而对于更多的情侣，既不能够想象离开对方的生活，也不能够好好地在一起。

“我刚跟你在一起的时候，你每次都到地铁站接我！”

“你那时候还化化妆修饰一下，你看你现在，脸都没洗就跑出来见我，裤衩、背心穿得跟大老爷们儿似的！太随意了吧！”

这样的对话在交往一两年之后的情侣之间会经常出现，而且会发现爱人没有刚开始的时候那么愿意为对方牺牲了，也更加心安理得地拒绝对方的要求了。

从生物学意义上来说，这都是多巴胺水平降低在作祟。你或者去医院打一针，把流失的多巴胺补充上来；也可以从当下来改变相处的方式，好好来维护你们之间的爱情。

照料爱情的方式有很多，也可以很具体，比如改变一下说话的语气，由“你去把垃圾倒了，屋里臭死了！”变成“去把垃圾扔掉好不好？我们一起下去。”

比如把你的不满换成具有可操作性的意见告诉对方，由“跟我的哥们儿出去玩儿还拉着个臭脸，让我没面子死了，以后你别去了！”变成“你今天跟我的朋友出去辛苦了！如果你哪一点感觉不舒服，尽量克制一下，保持微笑就好了。”

比如保持对于爱人的同理心，尊重对方当下的感受。比如她说“今天去行政大厅办事，那个办事员蛮横得很，气死我了！”这时，你要说“太过分了，这些人！”而不是说“那不然怎样，还要开个贵宾室让你坐着？”

爱是视爱人如家人。这是最高的褒奖，也最有可能产生利他行为。有一天，我的姥爷在饭桌上喝酒时，不知怎么的回忆起了他的父亲。他说：“那个老头儿真好哇！抗美援朝的时候，他工作的铁路单位让他去朝鲜，他不愿意去，但是又不能不去。不去就是不服从安排，会连累家人；去了就是好同志，但有可能会死。走的时候，他跟组织请求说，如果他没回来，请组织把大儿子的工作安排了，这样一家人也不至于饿着。”

他咂了一口酒，又说：“他出去打牌赢了两块钱，都要回来交给你太姥姥。”

这不也是很浪漫吗？

之前我们都错怪了爱情，以为怦然心动的瞬间，一刻也不能等待的思念才是真身，其实爱情本身恰好包裹在这夺目的糖衣之下。

没有了多巴胺之后，爱情才刚刚开始。

你最重要的作品就是你自己

北京有一家在三环边上的会所，生意很好。最近经济不景气，不少会所都倒闭了，只有它活了下来，而且活得很好。

很多会所的门票包含洗浴和自助餐，澡堂凑合一下也行，关键是吃自助餐的地方什么都有，但是什么都不好吃，这些地方泡澡泡出个包子样，只要是不昏倒，我宁愿饿着个肚子。这家会所不一样，自助餐样式多，又实惠，不少人都是拖家带口地去休息。生意火爆，尤其是星期六、星期天，大厅里几百个座位，常常座无虚席，我都替同行羡慕他们的好人气。

该会所前段时间搞了个海鲜节，小米海参汤和鱼翅汤随便吃。

于是那个地方常常人满为患。因为又滋补，又便宜，不少人把海参和鱼翅当主食吃，大嚼特嚼，一碗接一碗地干。

每次去吃自助餐，海参、鱼翅区都是排长队，因为包含在门票里，所以不少人就很贪心了。厨师小哥给盛一碗小米海参，我听见排我前面的人说："里面再给我加点鱼翅吧。"

于是厨师就给他夹了数根鱼翅。

有人说："我们家人多，先给我盛五碗，省得我再排队。"

搞服务业的，来的都是贵宾，即便是知道他无理要求，也要诚意满满地盛上五碗，然后恭恭敬敬奉上，末了还不能忘记说一句："贵宾，您请慢用！"厨师给这位调制五碗，这位来回拿了三趟才全部拿完。我朝他的位置看一看，其实他们只有两个人，桌子上还有许多别的东西，肚子吃饱了，也没吃完，剩下两碗原封不动地放在那儿，两个人心满意足地走了。

收餐盘的服务生走过来，面无表情地把它们统统倒进垃圾桶。

对于吃东西的人来说，小米海参和韭菜鸡蛋可能有区别，但是对于收餐盘的人来说，完全没有。

两个月后，我再去的时候，海鲜节已经变成一人一张票，而海参和鱼翅汤已经变成一张小票兑换一碗了。

我问厨师小哥："活动怎么结束了？我记得前几个星期还是不限量随意取用啊。"

他说："因为这些都是包含在门票里的，大家都觉得怎么浪费也无所谓。但是我们的成本负担不起，所以这星期把活动撤掉了。"

这回大家都老老实实排队，一人一碗，端回去之后吃得恭恭敬敬，连肉带汤地吃了个干净，嘴巴一抹，意犹未尽。

所以，只要是免费提供的，无论是参翅还是其他什么，都会被吃成穷凶极恶。把海参和鱼翅调成一盘一盘的，各位贵宾一手一盘，小心翼翼地端回自己的座位，个个都吃得爱惜，吃得优雅。

我有一个朋友，开了一个微信课堂，在里面分享知识。他在自己的公众号里面发了一个微信群二维码，让有兴趣的人扫一扫进群。扫二维码进群的人很多，说好了的上课时间，刚开始活跃的人挺多，讲着讲着，人就跑掉开小差。一个半小时的课程下来，课程结束时还能跟老师说句话的寥寥无几。到了最后的提问环节，更是一个惨淡了得。

他正在琢磨这个群怎么开起来的时候，看到了一句话："我是坚决反对动不动就免费的。免费，意味着不珍惜、不认真，免费也同样意味着不负责任，人只有对付出成本的东西才会认真对待。要我说，付出的钱越多，就越认真负责。免费得到的东西会被当成垃圾对待。"

他觉得这个心理可以一试，于是他先是开了一个大群，把有意想要上课的加进去。然后真正上课的时候，每个人收20元，拉进一个小群。

100人的群里面，他免费讲课，虽然看起来人很多，其实效果并不好，有听到一半去追8点档电视剧的；有到点儿不来上课，但是等着一口气看完聊天记录的；有老师讲课中间插广告的，讲完之后说课程这不好那不好的。总之，出力不讨好。

但是在交过钱的20个人的群里，大家的态度就严肃认真很多，即便是钱不多，虽然人少了4/5，但效果很好，大家都很珍惜交费学习的机会。

对于我这个朋友来说，课程缩小了，但也更能够把课程做得更精细了。

马家辉曾说，能用钞票买到的东西构不成挑战。我把这句话改一下，能不用钞票买到的东西更加构不成挑战。

张雯雯单身那阵儿喜欢去北工大操场跑圈，某段时间，不知道她怎么就认识了一个上研究生的男生，那个男生对她也很有好感。

按照张雯雯的转述，研究生形容她有一种遗世独立的气质……虽然我跟她共处一室N年都没看出来，因为她脸庞方、肩膀宽，1米62的个头有120斤的体重，为了减肥，她晚上不吃主食，坚持夜跑，体重轻了1公斤，一身脂肪浓缩成了腱子肉。

她自带气场，能够找到个喜欢她遗世独立气质的下家，我自然很为她感到高兴。

他们在手机上鸿雁传书了几天，张雯雯心情好极了，眼角眉梢都是带着笑。有一天晚上，她非要拉我出去逛家乐福不可，我就跟着她去了。平时那么精打细算的她，买了各种各样的零食，薯片、薯条、可乐等，最后快走到收银台，还搬了两箱24袋装的牛奶。

“买这么多东西干吗？”沉甸甸的袋子拎得我手都疼了，难怪要叫我陪她，两箱牛奶，即便是她天生神力，也弄不动啊。

“给研究生送过去，我刚才跟他说今天去找他。不过他不知道我拿这么多东西过去。”张雯雯笑得有点娇羞，“给他一个惊喜！”

我觉得哪里有点不对劲，但是也一时找不到原因，只能挺住，并且跟上她的脚步。

到了男生宿舍楼底下，我把东西往宿舍楼下一搁，火速匿到一边，静候佳音。

不久，一个个子中等，脸庞端正，戴着眼镜的男生出来了，俩人聊上。我心想，要不要先走，毕竟这么多东西送过来，怎么着也得感动，怎么着也得操场溜达几圈啊。

没想到这次会晤相当简短，男生肩扛手带地拿着东西回宿舍楼了，我快走几步，过去问张雯雯怎么了，她有点低落地说："没什么，他就说有点冷，就上去了。"

晚上，张雯雯收到研究生的短信，大意是对她第一印象很好，但是她这么主动让他有点被吓到。

其实张雯雯给他的，是她能够想象到的、能够提供给他最好的。可惜的是，免费的东西，人往往不会珍惜，付出代价拥有的，才会觉得是值得的。

很多人都低估了自己的价值，甚至有些人觉得自己一文不值。所以做得再好，也有人不解风情；所以爱得再深，也有人弃之如敝屣。自己当了炮灰，还觉得特别委屈。

太看轻自己的人是不能够掌控人生的。胡兰成爱上张爱玲时，爱她的遗世独立、冷若冰霜，等张爱玲将自己打了折，低到尘土里，再送给他时，他对她再也没那么珍重。

我们每个人都有自己独特的价值，不要太看轻自己，该拒绝就拒绝，该抻着的时候就抻着，太用力容易伤着自己。

请记得时时刻刻都要做一个酷女孩。自己都不拿自己当回事，指望别人珍惜？结果是毫无悬念的吧。

女人不可以穷

刚大学毕业不久，和同寝室的女孩约着见面。她穿着深色的西服套裙，肩上挎着红色的羊皮小包，看起来很职业、很精神，气色也不错。和上大学时候的自卑、忧郁相比，简直就是两个人。

她出生于京郊农村，父母都务农。她还有个大她六岁的哥哥，因为哥哥独立比较早，从她大一的那一年，就开始供养她上学。她哥哥那时候没有什么钱，刚工作的小年轻一个，每个月给她的生活费几百元钱，她都拿来吃饭，衣服也不怎么添置，穿的都是高中时的旧衣服。

后来，她哥哥发展得越来越好，每个月给她的生活费也涨了。她花钱还是小心翼翼的：买水果，跑到水果市场去买批发价的水果；夏天的时候，买去年的冬款比较划算；跟大伙儿一起出去玩，只能接受AA制；淘宝买件打底衫，总要四处比价，直到找到同款最便宜的为止。

她总是要省钱，因为有时候哥哥也会忘了给她打钱，她又不好意思开口问哥哥要。有一次哥哥给她打钱，随口说了句：“这个月过得可真快。”说者无意，听者有心，她心里不舒服了好一阵子。

“我那会儿最大的愿望就是找工作，自己出来挣钱，花自己的钱。虽然我哥对我不错，但还是会觉得是欠他的。而且我这几年总觉得很不自信，感觉自己一无是处，生活费是哥哥给的，九成新的衣服是嫂子送的，用别人的钱总感觉很压抑。”

她现在挣着自己的钱，西服、衬衫、手包，都是自己买的，走起路来抬头挺胸，人也更自信了。

去年，我的姥姥因病住院，她住的双人间，旁边床有一个老太太，刚刚七十出头，因为脑梗塞，躺在床上5年了。她不能说话，身体也只有一部分可以动弹，大小便都需要人伺候，喝稀饭的时候口水乱流，儿媳妇带着小孙子来看她，她高兴得双手直直地朝上挥舞。

她每三个月住院一次，一次最少住一个月，呼吸机、护理费、输液费、药钱，最贵的一瓶叫作人血白蛋白，一瓶600元，每天打两瓶，除去报销，一个月要花掉七八万元。

外婆跟她的子女聊天，说：“看你们的母亲多会教育人！一个个都很孝顺。”

女儿说：“我们还好的是平时挣了点钱，不然老太太病了，都不知道拿什么给她治。”

就拿呼吸机来说，插上就有命，不插就没有，道理很简单。

香奈儿品牌的创始人香奈儿说，自己12岁的时候，就明白将来要做的事情就是赚钱。那时候，女人获得尊重的途径要么是天生贵族，要么是嫁给贵族，很少有人想到要通过自己赚取金钱来为自己赢得尊重。香奈儿到巴黎之后就开了一家香奈儿商店，她首先卖帽子，获得了巨大的成功，她又改良裙子，一年之内，她赚了很多钱。

有富二代上门来讥讽她："是不是因为你的男友养不起你？"

香奈儿说："我不亏欠任何人。"

她不缺乏爱情，金钱又给她底气。金钱和财富的累加并没有意义，但是金钱可以用来购买自由，自由又意味着解放。这对于那个时代的女性来讲，比什么都重要。

富而无骄有多容易，贫而无谄就有多困难。

在这个世界上，最会察言观色的莫过于商场的售货员了，当顾客踏进这个店的第一块瓷砖起，她们已经知道这个人有没有钱，会不会在这儿买东西。天天站着也挺累的，何必要在不会买东西的人身上浪费时间？

于是你会惊奇地发现，你背着N手的LV进去都比你背个崭新的太平鸟受到的待遇要好。

当然，你也可以打扮得跟三教九流似的进去，接受她们鄙视的目光检阅，逛了一圈后，甩出一张卡说："我是你们家金卡会员，今年的冬款，这个……这个，我都要了。"然后得意地感受前后反差之大——这属于行为艺术，不在讨论范围之内。

总而言之，这个世界就是如此现实，不服不行。

别说真正爱你的人不会嫌你胖，沈殿霞就是郑少秋的炮灰；也别说真正爱你的人不会嫌你烦，托尔斯泰宁愿冻死也不愿回家；更别说真正爱你的人会养你一辈子，查尔斯王子和戴安娜王妃也分了手。

当一个人不爱你的时候，你连呼吸都是错。要改变现状？很好——想离家出走的时候没钱买票，想报复的时候没钱买材料，想要离婚的时候发现没有可以营生的手艺。为什么很多中年女士对老公找外室睁一只眼闭一只眼？因为她离开了这个家就寸步难行，因为她的内心无比清楚，生存比生活更重要。

当你兜里有钱，心里就有底气。六六离开她的老公，照样把自己活得多姿多彩。

假如有人说，钱对女人不重要，找个好男人就好了。那纯属对生活的真相了解不足，相信就惨了。

事实的真相是：有钱比没钱好一万倍。

都说女人不可以丑，SK-II 就是比小护士好用，买不买？都说女人不可以土，去年流行阔腿裤，今年流行喇叭裤，要不要？都说女人不可以素，La Prairie 的粉底抹一下就惊艳了时光，收不收？

所以说，女人不可以穷，因为毫无外在的内在也是一种浅薄。

别刷微博和朋友圈了，去看看书，见见朋友，好好工作。最好的安全感是饭在锅里，钱在兜里。

最重要的是，人会反目，钱不会。

别让爱情被想象力毁得体无完肤

有男嘉宾上《非诚勿扰》（现改名《缘来非诚勿扰》）节目。他第一条自我介绍的片子放完了，女嘉宾开始提问。

女嘉宾："男嘉宾，你平时不上班的时候，有什么爱好？"

男嘉宾："我喜欢买鞋。"

女嘉宾："你喜欢买鞋，那是不是表示你喜新厌旧啊？"

有一种逻辑，叫神逻辑。黄菡和黄磊觉得这种类比简直让人瞠目结舌，两个人一问一答地开始造起句来：

黄磊："我喜欢尝试不同风格的衣服。"

黄菡："你是不是喜欢尝试不同类型的女孩？"

黄磊："我喜欢冒险运动。"

黄菡不饶人："那你在感情里是不是喜欢追求刺激？"

黄磊："拳击是我喜欢的一项运动。"

黄菡装作很担心地大呼："那你会不会对我实行家庭暴力啊？"

看到神逻辑女人脑洞那么大，还自以为自己正确的样子，我倒是觉得现在的男孩和男人，真的不容易啊。

《非诚勿扰》还有一期来了一个男嘉宾，短片里介绍自己平时喜欢锻炼，别看身材瘦，但是脱衣后还是很有肉。

女嘉宾说："男嘉宾，你说你穿衣显瘦脱衣有肉，可以给我们展示一下吗？"

来参加节目是找对象的，每个男嘉宾也就 20 分钟展示时间，要想带走一个女生，各方面都不能踩雷。之前很多人来，女嘉宾提出这种要求，一般人都会象征性地展示一点，姑娘高兴，现场气氛也好。但是，明显这个男嘉宾有点为难，因为如果女嘉宾要求你展示，你不展示，你就是小气，不尊重我，我还完全有理由怀疑你，说自己身材好是骗人的，啪一下灭灯，表示姑娘心里不痛快了。

但是如果换成男嘉宾说："我远远看到女嘉宾的身材真好，你能给我展示一下吗？"

那就是耍流氓，就是不尊重女性。

所以蔡澜说，现在男人最要命的就是太迁就女人。服侍女人也不是，不服侍女人也不是。就像替洛杉矶女人开车门一样，她们会毫不领情地问："我自己不会开？是不是歧视我们？"

最近我的哥们儿吕得水觉得很郁闷。他来找我喝咖啡，有些苦闷地说，刚开始和女朋友在一起的时候，觉得很放松，她体贴、宽容，带点傻乎乎。但是现在交往了两年，她变得越来越精神紧张。

从来不查他手机的她，变得喜欢看他的手机了，看到有可疑的聊天窗口，马上点开来看。什么都没有还好，如果发现他们之间多说了两句，脸色立马由晴转阴，半天坐在那儿不说话，问她怎么了，委屈地摇头说，什么事也没有。软磨硬泡，再三逼问，女朋友才嗫嚅着说：“你和那个叫小胖球的什么关系？男人真是没有不好色的！”

吕得水立马缴械投降，忙去哄她。

和女朋友约着看电影，正看到灯光暗淡、气温低寒，男女主角马上将被命运推入永恒的轮回之时，她凑在吕得水耳边悄声说了一句：“晚上跟我回我妈家吃饭，昨天已经打电话让她备上了。”

吕得水稍做迟疑，马上吃了女朋友一白眼：“跟我回家是要你的命啊？”

从电影院出来，姑娘心中嘀咕，脸上闷闷不乐：“跟我回家，一点儿也没有兴奋的表情，是不是不爱我了？”如果再被姑娘发现吕得水竟然看了一眼飘然而过的美女，那就罪加一等，一切崩溃了。

神逻辑的女人会想：你是不是不爱我了？是不是我最近变丑了？是不是又想起你那个高高瘦瘦的前女友了？既然感情不在了，今天的饭还吃什么？晚饭都不吃了，那还去我妈家干什么呢？既然我妈家你也不想去，干脆分了算了！

其实吕得水想的真的很简单。他看美女，不代表他不爱她，他只是觉得那件上衣很好看，也想给她买一件；他迟疑，不代表他讨厌准丈母娘，他只是已经预订了晚餐的地点，这样看来，电影散场就要赶快打电话取消了。

不要让男人和你们在一起的时候感到紧张和小心，大多数爱情和婚姻不幸，都是被荒谬的想象力摧毁。

其实想想，男人每一步都过得很惊心。十几岁的男孩知识不够广博；二十几岁的男孩不够运动并且缺乏生活情趣，有时候常常哀叹女神都被熟男收割；三十几岁的男人物质观念太重，要背负起养家的重任，他们打包垃圾、抄水表，为了记住还房贷日子，往往忘记结婚纪念日，他们有目的地出去应酬，对于炫富、晒孩子的同学会唯恐避之而不及。

男人和女人不一样，女人难过了有很多排遣的办法，比如购物、找闺密倾诉等。可是男人不一样，男人是一种高度自闭的动物。当他遇到挫折的时候，很难向别人去倾诉和发牢骚。他把所有不快乐都藏在心底。这样的结果是，他要么沉默，要么愤怒。

比如在工作上，他的想法和上司不同，说出来，怕得罪长官，他会遭遇挫折；不说出来，窝在气管深处，他也挫折。

所以，日本作家渡边淳一在《钝感力》一书中，他以自己的临床经验发现，同一个母亲生下来的一男一女，女孩从小睡眠就很好，即使周围有吵闹，也不会因此而惊醒。对于女孩子来说，闹肚子、感冒的事情也很少发生。但是男孩子就不一样了，他对一切事情都很敏感，比较难抚养。成年之后的男女，在遇到大出血的情况下，撑不住的一般是男性。所以他写道：“弱者，你的名字叫男人。”男性看起来强大，其实内心更需要爱护。

女人喋喋不休地缠住男人，要他们说：“即便是打了肉毒素，我依然爱你。”男人要的也是一样，他们希望听到，即便是他什么也不做，就在泥浆里打滚，他依然是你的盖世英雄。

男人就像西西弗斯，一生都是推着一块石头上山顶，推得上气不接下气，一辈子不能停下来；当然不能停下来啊，停下来，老婆的包、孩子的辅导费、老人的疗养费，去哪里找呢？

大部分女人都不能够体会男人的辛苦，她们认为这都是理所当然的。女人常常提出的要求超过男人的负荷程度，可是他们终其一生都在努力达到女人的标准。

可是很少有人能够体会他们的辛苦，总觉得他们做得还不够好，跟谁谁谁的老公比，还是差上一大截。朋友圈里的黄老板和他的太太两个人白手起家，经历九死一生才创立这个公司，老板感念他老婆的知遇之恩，公司估值一个亿的时候，给老婆买了一辆路虎作为礼物。路虎开了一两年，看黄太太最近在朋友圈里面分享的图片，都是比路虎高级许多的车，看样子是暗示老公该换车了。再看看黄老板的朋友圈，经常是深夜一两点还发最后一条朋友圈，给自己加油打气，说明年会更好之类的。

大多数男人认为，让女人满足，是他们的天职。讽刺的是，大部分女人都不能够体会男人的辛苦，她们认为这都是理所当然。女人常常提出超过男人负荷的要求，男人也愿意做出天真烂漫的承诺，并且终其一生都在努力达到女人的标准。

可往往是，男人努力了半天，女人丝毫没有领情。有些傻女人是自己伴侣的终生差评师，她的存在就是为了提醒他这一生活得有多失败。

绝大多数的男人，都要背负家庭沉重的包袱。

他曾经向你的父母保证，会让你成为最幸福的女人，现在眼看着就做不到，他挫折；没他努力的人升迁了，他挫折；比他懒惰的公司上市了，他挫折；人家两年抱仨，他一个也没有，他挫折。

每次当他快要撑不下去的时候，还要被望夫成龙的女人踢一脚说：“你之前不是说让我当上大房子的女主人吗？都是骗人的！”

作为真正背负乌龟壳的人，他的挫败感，只会比你多，不会比你少。

我问吕得水，男人为什么而活？他想了想说，为女人而活。他们终其一生的努力都在希望得到两个人的肯定：一个就是老婆，一个就是老婆她妈。当他这个目标达到了，他心里才会好受一点，否则他会有无限的挫败感，因为男人爱面子，怕失败，尤其害怕最亲近的人也说他失败。

同学聚会，我问男士们，假如这个世界上没有了女人，是否还会像现在这样拼命？所有人一致回答，肯定不会。猪肉、白菜、豆腐皮儿的那么炖着，小酒盅那么一捏，花生米那么一嚼，窝在沙发里有滋有味地过一天，多有意思。不过一般人都将一生献给了家庭和孩子，唯一希望的是，换来一点理解和笑容。

古希腊有神话说，男人女人本来是一体的，但是天神将他们撕裂成两半，所以每个人终生都在寻找另一半。如果你们能找到另一半，在爱情当中，在婚姻当中，就要保持耐心，不要生气太久。要明白，最好的温柔是不离不弃。

永远记得，爱是唯一的救赎。

自私是致命伤

当我们在说“我爱你”的时候，其实是在说，我更爱我自己。

佛经上就有一则这样的故事。

格沙拉国的国王娶了一位漂亮的王妃，两人非常相爱。结婚不久，国王到佛陀面前听法，和王妃一起学习内观。

佛陀首先问王妃：“在这如此广阔的世上，你最爱的是谁？”

王妃很清楚自己想说的是“国王”，可是不知怎么的，话到了嘴边，说出来的却是：“是我自己。”

在一旁静静聆听的国王大惊失色，但是念及佛陀在上，胸中有气也不便发作。佛陀转而问国王：“在这如此广阔的世上，你最爱的是谁？”

从国王嘴里说出来的话和王妃如出一辙：“是我自己。除了我自己，我谁也不爱。”

佛陀说：“好。你们已经认识到了这一点，这是你们走出痛苦的第一步，否则你们将一直活在想象之中。

“你们总说，我爱我妻，我爱我儿，我爱这，我爱那。其实你们什么也不爱，你们只爱你们自己。你们爱的是自己的欲望和梦想。

“但凡是能够实现你们的欲望和梦想，你们就会开心；和你们的索要背道而驰，你们的尊重和容忍就会消失不见。”

有学者研究，我们人类即便是已经进化到了今天，也不能够消除自私，因为自私是基因里的。“我们当初制定标准化DNA时，的确去掉了所有不美好的品质：易怒、悲观、懒惰……唯独保留了一项——自私。”

人性的自私是改不掉的，只不过有些人格外严重。

朋友姜小鱼和男朋友刚上大学就在一起了，两个人感情稳定，双方父母也乐见其成。男生家是开典当行的，条件还不错，父母都属于事业型，他本人倒没有特别的事业心，大学考得不太理想，但是只要一毕业就能给安排个不错的工作。要说长相、气质，他也实在是一般，个子高人又瘦，穿什么都显得垮垮的。

姜小鱼是我的初中同学，家里一直做生意，她爸爸承包了我们那儿好几所中、小学的食堂，听起来不高大上，但是挣起钱来却一点儿也不含糊。放学的时候，她妈妈开车来接她，每次都穿得珠光宝气。

上天也是对这姑娘真好，家里有钱和长得漂亮全占，瓜子脸显得精致，杏仁眼衬得聪明。

于是，她和这个男朋友打了三次羽毛球就确定了关系。作为知名的小镇名媛，多少花季少男为此五脏俱裂。

姑娘哪儿都好，就是眼神儿不好。

姜小鱼大四那年，家里生意失败，只剩下食堂的业务勉强保住。家里出了事，男朋友自然是坚实的靠山，她把家里遇到不测的事情第一时间告诉了他，并且不断时时向他更新最新进展，要债的上门，车库被撬，威胁电话……她以为哪里有悲惨，哪里就有热爱。没承想，男生受到了不小的惊吓。

虽说人生如戏，但真的发生在自己身上就有点吃不消了。他有点犯嘀咕，回到家就传话给父母，父母一听，马上表态："两个人必须分手！结婚是什么？结婚可不是两个人的事，结婚是两个家庭的事，我们家这么有头有脸，怎么能看着火坑还往里面跳？"

节操就像是泡茶，多换几次水，也自然就淡了。

要说时间往回倒三个月，出事之前，谁都不能想象她是被分手的一方，连她自己也不能想象。眼看男友变节当前，她要力挽狂澜。

我陪她去见男生爸爸，他坐在高大明亮的办公室里，背对着我们看股票，男生过来给我们倒水，客气中像是在接待客户。我们坐了一会儿，他才转过身来，点上一根烟，吐一口烟圈，问一句话："你妈妈怎么样？"

"还可以。"

再吐一口，又问："不然你告诉你爸，让他把承包食堂那块也给我们吧，反正他现在估计也顾不过来。”

我在一旁听得直冒冷汗，心想：说得可真直接啊！姜小鱼狠狠地看着男生，他微微低头，一言不发。

最后，他们还是分开了。中间所有的虚伪和摆荡、犹疑和疏离，都成为狗血的一部分。

之前的她是浑身涂着金的菩萨，伸出尖指甲一刮，总能刮出点金子来。

现在刮不出金子了，便弃之如敝屣。

人天性自私是事实，也不需要身体力行地证明来看吧。

所以，《飘》里面说：“我做了身漂亮的衣服，然后就爱上了它。当阿西礼骑着马过来时，他是那么英俊，那么与众不同，我就给他硬套上了那身衣服，也不管是不是合身。于是我就看不见他真正的模样。其实我一直爱的是那身衣服，压根儿不是他这个人。”

早些年的时候，明星都对感情问题讳莫如深。即便是在死缠烂打，也有一套见招拆招的标准答案。

记者问：“你喜欢什么样的女孩？”

明星答：“性格好也孝顺的。”

记者问：“你现在找到真命天女（子）了吗？”

明星答：“还没有，我现在的重心放在工作上，感情的事情顺其自然。”

记者问："上回拍到你和 ×× 同回酒店……"

明星答："她（他）是我助理，我们只是工作关系。请媒体和大家给艺人一些空间，多关注我的作品。哦，对了，对于造谣者，我将保留追究法律责任的权利。"

所以，我在小的时候，一直以为明星是不恋爱和不结婚的，都像无欲无求的圣人一样。有女朋友就说是认识，结了婚就说是邻居，有了孩子就说老妈又生了一个。

这些年风气大变，十八线艺人带着孩子重回事业巅峰，过气浪子靠着新恋情重新出现在人们眼前。公司和他们都曾经以为粉丝看见偶像恋爱和结婚会一哭二闹三上吊，结果发现，就算是宣布自己结婚了，粉丝也没有他们想象的那样集体失恋。于是，隐恋许久的男艺人终于公布自己的婚讯，表示感谢妻子的陪伴，以后会好好珍惜。各种新闻报道也出来了，说的是"相恋20年，难得有情郎"之类歌功颂德的话，俨然就是始终如一的绝世好男人。

但是我犹记得在三年以前乃至更早的时候，那位男艺人对于恋人的身份一直遮遮掩掩、义正词严："我们没关系，我们没恋爱，我们没隐婚，我们不是你们想的那样……"

洁身自好也是你，从一而终也是你——你是绝世好男人，行了吧？

藏着掖着那么多年，究竟在怕什么？

怕粉丝伤心，怕公司解约，怕自己不够完美。因为爱惜羽毛，这个人的爱要占着，粉丝的爱也要占着，公司的爱也要占着，其实说白了，只是爱自己而已。

现在发现时代变了，好的家庭也很为事业加分，所以一点一点放出婚讯，每放出一点，博一点眼球，把婚事又变成了名利场，这代言那冠名，最后连求婚时的眼泪，都变成商业的。

把爱变成无风险投资，认涨不认跌，只赚不许赔，这也是自私的一种。

你爱她吗？不如说你爱的是你的欲望、炫耀和贪婪。当你在想她能为我做什么，而不是你能为她做什么的时候，那已经不是爱情了。

曾经看过一个英文故事，老爸问女儿："你为什么要结婚？"

女儿说："我要找一个人来爱我，关心我，给我安全感。无聊了陪我逛街，饿了给我做饭，生病了看护我，烦躁了安慰我……"

老爸说："不，你要结婚是因为你要找到一个人，对他好，爱他，关心他，给他安全感。爱不是自私，是无私，就是不要想你要什么，要去想他需要什么。"

克里希那穆提在《人生中不可不想的事》中说："你明白爱一个人是什么意思吗？你爱一棵树、一只鸟、一个宠物，你要照顾它、喂养它，即使它不给你任何回报、不跟随你，你仍然爱它。可是，大部分的人都不是以这样的方式去爱。我们一点儿也不明白这种爱，我们的内心是依赖他人的，我们并不是爱了之后，便把它留在那里，我们的内心依赖着他人，我们其实 希望被爱。”

民国才女张爱玲和胡兰 1945 年结婚，婚帖曰：“胡兰成张爱玲签订终身，结为夫妇 这是张爱玲写的，胡兰成又在后面补充了一句：“愿使现世 岁月静好。”

刚开始是 ，以至于男的废了耕，女的废了织，并肩在阳台 很美好。

张爱玲并不是那种大方极了的人。她的父亲和后母打她骂她，她就把家里的丑事一一写进文章，一点点地羞辱他；她的母亲远渡重洋之前去看她，她硬是忍着一点眼泪也没淌；她的弟弟在她成名之后曾找她约稿，她以不给不出名的杂志写稿为由，断然拒绝。玻璃心、会计算、以怨报怨，是她遇见胡兰成之前的行事风格。遇见胡兰成之后，即便是胡兰成辜负她，她也至情至义。

胡兰成因为政治立场问题躲到温州，张爱玲怕他受苦，把拍电影做编剧的稿酬寄给他，让他花销。胡兰成写信告诉张爱玲，他在温州和范小姐出了点问题。知道范小姐需要打胎，胡兰成没有钱，流产的钱是张爱玲出的。

张爱玲冒着战火到温州找胡兰成，她形容自己的心情是：“我从诸暨丽水来，路上想着这里是你走过的。及在船上望得见温州城了，想你就在那里，这温州城就像是含着宝珠在放光。”就那么高兴，然而胡兰成对她还是不冷不热，张爱玲待了三天，觉得没趣，自己返回上海。那么一个妒忌的女人，27 岁离开胡兰成的时候，还寄给他 30 万元，怕他生活无着。而那 30 万元，是张爱玲做编剧的第一笔收入，她毫无保留，悉数奉上。

张爱玲晚年隐居美国。她更加年迈一些，与一位友人坐在公园里聊天，说自己对于爱的理解是：爱就是不问值不值得。

我希望在爱中的人们都把心放大一点，攥得太紧容易气短，太自私了容易成为孤家寡人。别把感情想象得无坚不摧。

而很多时候，我们的深情，不过是太爱自己。

一

你百分之九十九的问题都是因为懒

靠自己双手挣的面包吃起来才踏实

清代人的笔记小说里记载过一件事：某次，有一个书生蹲在草丛里观察两只蚂蚱修炼阴阳和合大法，正看得入迷，突然蹿出一只硕大的蛤蟆，伸出舌头把这两只行为不端的蚂蚱全吃了。书生就地领悟了一个道理：搞婚外情是不对的，蛤蟆是代表上天来审判它们的。

这是一则浅显的道德神话，表明了那个时代的人对于婚外情咬牙切齿的态度，援引小S的话说，就是："第三者都要死！"不过现代人早已经不这么想了，在这个时代，做道德上的君子已经不会得到尊重，经济上的软弱才会被人嫌弃。

朋友的妹妹小周知道我去出差，告诉我她要去接我，跟我唠唠嗑。我说："好，我还是在上次的马路牙子边等你。"按照小周上班的方向，根据上次我们见面的印象，她应该骑着小电驴沿着非机动车道自南向北驶入我的视线。

我剥开一块口香糖，塞进嘴里，然后密切注意着从我眼前经过的小电动。

想起上次她赶来见我，还是去年冬天，她秀美的脸蛋被冷风吹得通红，长发因为寒风的关照而打结，薄薄的耳郭带着点冬霜。还记得那时我说：“你买一辆代步车吧。”她说：“一个月两千来块钱，请领导吃顿饭就快没了，买什么车呀？”

等了二十多分钟，她给我打来电话，说：“有点堵车，马上就到。”我说：“好，我已经到了。”

[illegible] E250 停在我的面前，里面的人儿冲我使劲挥手道：“快上车呀！”

我惊得差点把口香糖吞了。

我坐了进去——真皮座椅、高档内饰、环绕立体声交响乐，一只爱马仕黑色小号皮包静静地立在副驾驶座位上，很难让人觉得那不是在炫耀着什么，又像是在诉说着故事。小周转过脸来跟我聊天，我发现她的脸蛋比之前红润许多，像是又胖了些，整个人喜气洋洋的。

小周说这辆车是一个有妇之夫送给她的。那人说自己和发妻没有感情，只有和小周才是久别重逢的真爱。他在工作中指导她，谁是董事长小舅子，谁是投资人女朋友，总监忌讳听什么话，经理又有哪些软肋，业务考试哪些题必出，巴结谁才会被快速拔擢。这个人也偶尔代表公司高层到小周的办公室露露面，表扬这个新来的女同志有能力、有眼色，必须重点培养。半年时间里，曾经对她颐指气使的小官僚再也不敢随意呵斥她了，过去没事就踩她几脚的同事觍着脸过来套近乎。

小周现在和那帮一起入职时灰头土脸的大学毕业生已经有云泥之别。她是周总监，是公司最年轻的中层管理者，是伸直手臂就能够得着最高决策者的大红人，是开奔驰、拎爱马仕的优质白富美。

她的成就让新人嫉妒，让老人愤怒。她有时想到这些也会害怕，不过，她必须把这些不愉快的念头从脑海中排挤出去。

“你现在有什么感觉？”我问。

“没什么感觉。不过之前陷害我、不理我的那些人，现在我动动手指就能让他们迁到一线工地去。”

“那你还会找男朋友吗？”

“现在他们都不敢找我啊，觉得我又有钱又厉害！不过和大叔在一起后，我再也看不上同龄人了，他们简直太幼稚了。”

后来我们彼此分开，再后来，我在另外一个场合听到了关于小周的另一个版本，他们都说小周的生活看起来疑点重重，她不到 25 岁，却有着 35 岁的老练；她每月挣着白领的工资，却享受着与地位不相匹配的财务自由。

再后来她跟我说，她晚上睡觉不踏实，总觉得哪一块空空的，即便奔驰钥匙就放在梳妆台，爱马仕包躺在床脚边。

我说：“你赶快全身而退。”

她想了想说：“不能了。这段关系已经不是我能够控制的了。”

不少人年轻的时候都向往着高级的虚荣，金钱、特权、美酒、名牌。

穿着貂皮大衣，挽着价值不菲的手袋，露出蒙娜丽莎的微笑，所到之处全是山呼万岁，这样的日子才是年轻女孩该过的日子。可是这些东西常常不能通过短暂的努力而获得，只好去寻求有爆发力的捷径。

威廉·霍尔曼·亨特有一幅名画叫作《觉醒的良心》，画中的女子是一位已婚男士的情人。有一天，在男士富丽堂皇的家中，男士弹着琴，姑娘坐在他的腿上，耳朵里传入曼妙的乐曲，却无心欣赏。窗[illegible]

姑娘，你要知道，天下没有免费的午餐。当你在享受与年龄不相符的繁华，就意味着你正在用青春和良知同魔鬼做交易。而年轻时脑子里进的水，恐怕要用漫长的一生来赎罪。这是一个很多人都玩过的游戏，而在这个游戏，没有真正的赢家。

1880 年，葡萄牙作家埃萨·德盖罗斯在当地的报纸上连载了一部名叫《满大人》的虚构小说。在小说里，男主人公特·奥多罗本是卑微的政府抄写员，有一天，魔鬼给了他一个改变现状的机会——他只需要摇动一下铃铛，就可以杀死遥远中国的一位垂死的满大人狄金福，获得万贯家财。特·奥多罗摇动了铃铛，他变得富可敌国，可是狄金福穿着马褂、胳肢窝里夹着风筝的影子却一直阴魂不散。后来特·奥多罗受不了精神折磨终于自杀，把财富全部献给魔鬼，在生命的终点写下这样一行遗言：“只有靠我们的双手挣来的面包，吃起来才舒服。”

如果别人说你幼稚，就去增长见识；如果有人看不起你，就去证明自己的实力。不要在唾手可及的虚荣前沉醉，也不必在辛苦的生活中感到憔悴。我绝不是要女孩子们在年轻的时候安于不咸不淡的清苦，也不是说对于金钱和地位冷淡，只是说，趁着还年轻，少调皮，多奋斗。想要面包，自己去挣。

永远要记得，不要为了面包去杀死满大人，更要记得，自己挣的面包比别人给你的吃起来更踏实。

因为男人的心理就是这样，当你接受他的钱、车、房的时候，你的价钱便就是可以计算出来的，你在他心里的位置，便无可挽回地轻了下去。

承认失败，接受碰壁，虚心在暗中等候，未来会是美丽的。

运气是努力的另一个名字

加布里埃·香奈儿是香奈儿品牌的创始人。

她六岁的时候就失去了母亲，父亲像是卸货一样把她卸在姨妈家之后，就再也没有回来。姨妈对她并不热情，尤其是外省人的吝啬和粗鲁深深地伤害了自尊心极强的香奈儿。

香奈儿也倔强，她看见姨妈的衣柜里满满的漂亮衣服从来不说喜欢，姨妈做的溏心鸡蛋，象征性地让了让她，她抿着嘴说最讨厌吃鸡蛋。

实际上她最喜欢漂亮衣服，更喜欢吃溏心鸡蛋。

小香奈儿平日里喜欢躲在姨妈家的阁楼里看小说，在小说里，她知道要坚持敏感与骄傲；她也会找个地方动手缝一个属于自己的布娃娃，因为这使她平静；她在姨妈的马厩里给马儿刷背的时候，悄悄观察那些不是贵族妇女的穿着，发现真正高贵的颜色不是巴黎贵妇所喜欢的湖蓝、绯红和柠檬黄，而是雾霭灰、珍珠白和墨黑。

香奈儿来到巴黎，在康朋街上开了一间属于自己的小店。她的店里，没有镶着羽毛和水果的大檐帽，只有简朴的深口帽；也没有高贵皮草和曳地长裙，只有英格兰粗花呢剪裁的上衣和裤子。她还把裙子剪短，使它更方便女性行动。

几年的时间里，香奈儿的时装就让巴黎贵妇如痴如狂，她们开始拒绝顶着果盘一样的帽子，拒绝五花大绑。

香奈儿也因此赚了不少钱。

她的传奇不胫而走，有人说香奈儿不过是运气好。香奈儿听到后说：“当有人说我运气好的时候，我真是恼怒万分。因为没有人比我更努力地去工作。有人以为不去工作，只需要挥一下魔法棒或者是擦一下阿拉丁神灯许个愿便可以创造出我所创造的一切，这简直是天真的想象。”

香奈儿喜欢把自己形容为钢铁般坚韧。她一生没有旷过工，也没有生过病。她每天都在不知疲倦地工作。

有一天，香奈儿的助手兼裁缝奥贝尔夫人很有些忧郁地对香奈儿说：“我觉得您讨厌我！”

香奈儿说：“你觉得我什么时候有时间讨厌你呢？”

很多人以为有些人的成功，不过是拥有了一盏阿拉丁神灯。而他们之所以没有一切，是因为没有阿拉丁，所以也不可能有奇迹出现。可是他们没有看到这些天资聪颖的人的背后非凡的努力。

台湾著名女作家吴淡如一直很佩服林清玄，因为林清玄不仅文章写得好，而且高产——出版著作一百余本，让同行难望其项背。

有一次，吴淡如和林清玄同在一个电视台做节目，吴淡如到后台找他，惊讶地发现林清玄在摄影棚边蹲着，并拿着一个小本子奋笔疾书。

她又惊讶又好奇地上前询问，林清玄笑笑说："我每天再忙，也会坚持写两千到三千字的文章。"

这让吴淡如大为感叹。一是感叹都是作者，自己却远不如人家勤奋；二是感叹巨匠的诞生不是天赐的，而是自己拼出来的。

所谓天才，是你看不到他的努力；所谓成功，是滴水汇入大海；所谓运气，只不过是时时做好充足的准备而已。

就连号称最爱玩的香港作家蔡澜也表示，自己每天不过睡眠六个小时，其余的时间都用来写作、拍电影、录节目以及和各种各样的人谈天。七十多岁的人，依旧笔耕不辍。

不少人都觉得，我有十八般武艺，却无奈活在紧箍咒里。那些人有什么了不起，我不过是懒得做而已。人生多么不公平！运气都被少数人瓜分。抱怨过后，还是打开游戏，点开淘宝，刷刷微博。等到内疚感再次袭来，已经不知今夕何夕了。

我得知所谓成功人士背后的努力，反观自己，唯有羞愧而已。

不努力的人，运气砸来了也接不住。

有人曾经把努力和运气的关系比作是赶公交，如果你要想搭上这一班公交车，起码要在离公交站台不太远的地方，否则离得那么远，公交车就是来了，也只能望车兴叹。

哲人说：如果这世界上真有奇迹，那不过是努力的另一个名字。

年轻人，别嘚瑟，别犯懒，要知道，最努力的时候，运气最好。

你百分之九十九的问题都是因为懒

用旧的一款手袋，扔掉了可惜。那天在屋里读书读得有点闷，便找出来，拿湿毛巾稍微擦一擦，拿到室外认认真真拍了几张照片，前面，后面，内里，口袋，手柄，划痕，序列号，一一拍个清清楚楚。

选出 9 张最满意的大图，挂在二手网站上。

为了方便买家了解它，我在宝贝详情里面写得尽可能地详细：2012 年买的，正常使用痕迹，内里干净无污渍，五金轻微氧化，无背带，序列号见图八，有锁有钥匙……

婆婆妈妈写了 300 字，编辑好之后还觉得不够完美，撤掉一张背面照，加上了一张我背着的样子。

发上去两天，800 个人浏览，15 个人私信，8 个人问的是同一个问题——

有背带吗？

有锁吗？

我有点忘了当时有没有把问题说清楚，翻回去看一看，这些我都写在了介绍里面。

不过，既然把东西挂上去，就是想要尽快出手。我挨个回复：“没有背带，背带是另外一款；有锁，图片上可以看出。”

为什么写了宝贝介绍，她们还会孜孜不倦地问重复问题？我思考了一下，觉得是我前面铺垫得太多，她们没有耐心看到最后，所以没有找到答案。于是我把买家比较关心的问题放在最前面说：2012 年买的，无背带，有锁有钥匙，可以刻字……

挂上去一天，有人问我：“有背带吗？有锁吗？”

我彻底服了。

其实，我是一个很乐于分享的人，但关键是有些提问太没头脑，太浮于表面。

我相信她们一点儿也不笨，只是因为懒；而且她们的懒也是有选择的，领导安排的事情，丝毫不拖泥带水，整个人都透着机灵劲儿。但是，要是铁了心想犯懒，谁也拦不住，并且指望着别人把现成的答案送到她们眼前，是她们人生一乐。

从小姥姥就教育我要乐于分享，幼儿园里热腾腾的蜂蜜鸡蛋糕，我和小伙伴掰开揉碎，一人一口分着吃。分享是我一直认可的一种品质，但关键是有些提问没头脑，太气人。有句话说得不错，当你在某件事情上没有花费够一个小时的时间去处理的时候，便没有发问的资格。

可是这一点，懒人永远不懂。

平时写的文章不仅发在微信公众号里面，也会发在各大平台上面，让更多的人阅读、提意见。像我这种叫作原创作者，除了我之外，还有很多人是做文摘号，他们把别人的文章拿去放在自己的平台上，因为不是原创，所以需要找原作者要授权。

我是个没有网瘾的人，要授权的信息零零碎碎铺散在各大平台，时常来不及处理。有时候即便是回复了，要了授权的人也不一定会按照你的格式转载。

当我认识到这一点之后更不较真了。每次发文章，我都在我的文章底部写上一句转载须知，并且注明只要是符合转载要求的就视为有效授权。

但是，每天信箱里面还是被塞满了类似求授权的私信。

点开一看，让人气结："可以把你的某某文章发到我的公众号上吗？会注明作者和出处的。"

我说了要加简介和原文链接的。

所以我怀疑他们漫天找人要授权，同样的话用CTRL+V复制一百遍就好。

还有一种更省事的："可以授权我的公众号连载你的文章吗？"

打声招呼就想一次要走所有的授权啊？别做梦了，我也挺忙的。

其实，我的每篇文章底部都写了转载要求，主页底部栏也有专门链接，为了更方便，回复转载也会自动跳出转载须知，有心人只要把文章拉到底部，只要看过主页，只要肯回复转载二字，就会得到他们想要的东西。

可是偏偏有懒人上来就懒洋洋地问一句："可不可以转载？"这样的懒人，总让我怀疑人生。

懒并不可怕，可怕的是懒得理直气壮。

但是我也有责任，因为这说明了我的时间不值钱。

有一次，香港著名作家、电影监制蔡澜来北京做活动。活动上午9点开始。之前跟蔡澜敲定早上8点会安排主持人对他进行一个大概半小时的采访，老先生欣然答应。

早上8点，所有人全部到达会场，主持人却迟迟未到。主任上前跟蔡澜先生解释情况，说路上有点堵车。老先生已经提前5分钟落座，轻品香茗，一言不发。听到主任的解释，微微颔首应允。

那边派同事对女主持夺命连环call：怎么还不来？怎么还不来？怎么还不来？！

8点20分，女主持人姗姗来迟，女主持把钥匙和包哗啦往沙发上一扔，扯过同事递给她的采访稿，直奔蔡澜就开始采访——那是知道她事先没准备，负责这个的同事现场给她攒的。

女主持瞥了一眼纸片："您身体很好，看起来鹤发童颜，请问您保持青春的秘诀是什么？"

“七个字：抽烟、喝酒、不运动。”

女主持觉得有点尖锐，指望蔡澜展开说几句，发现蔡澜没有那个意思，只好念下一个问题：

“您身兼数职，既是香港邵氏、嘉禾等东南亚最大制片厂的电影监制、主持人、香江三大名嘴之一，还是《周游世界》的美食专栏作家，请问您真正想做的是什么？”

“我只想做一个人。”

她感觉有点招架不住，静了一会儿，又问：“那您至今仍未实现的理想职业是什么？”

“开青楼。”

女主持惊魂未定地退下，本来安排了半个小时的采访时间，十分钟就草草结束了。

明显这是一次握着一手好牌却被自己打烂的采访，领导硬着头皮上前问蔡澜：“可不可以给我们节目录一个片头？”

果真，被断然拒绝。

我读过蔡澜的几本书，这位号称香港最潇洒的老先生，把各种传统道德都批了个遍，为单身正名，为离婚正名，但是比较鄙视的一种人就是懒懒散散的人。这样的人成不了什么事，也不会招人喜欢。

他在书里写过一个三级片女星，剧组将她从日本带到香港拍戏，演一位民国女子。初到香港，剧组给了她一点钱，让她去购物，她打听了哪里能买书，哪里能买古董、首饰和衣服，一有时间就在片场抱着书看，古董、衣服买了好多，时髦商场连进都没进去。

本来敲定她演这个戏，就是因为她胸前伟大。可是她在香港待了一阵，可能因为压力过大，胸部缩水，身材看起来已经不适合演这个戏了。导演组表示考虑换人，只有蔡澜一个人坚持，说可以让她先去演民国女子落魄后的样子。

落魄戏拍摄结束，她依然没有胖回来。突然有一天，她向剧组请病假说，要回去奔母丧。

蔡澜同意了。一个星期之后，女星回来，直接来找蔡澜说，她根本就没有母丧，只不过回去做了一个隆胸手术。

蔡澜大为震惊，问她："值得吗？"

她说："值得啊，我是演员嘛。"

其实这件事情也简单，既然提前一个星期已经知道要采访蔡澜，主持人就应该找几期关于蔡澜的节目来看，或到书店买几本蔡澜的书，就可以了解他的为人和风格。蔡澜说那几句话，看起来古怪，其实在他的书中早就说过好几遍，但凡是提前做一点功课，也不会将这次采访搞得一塌糊涂。

这个世界上，百分之百的人都面对着百分之九十九的雷同信息，如果你想要了解一个人，去买他的书，搜索他的采访和讲座，从百度上了解他的生平，知乎上大神也很多。

然而在获得同样信息的情况下，有些人连最简单的事情也要别人告诉他，帮他准备好，美其名曰自己很忙。就拿这个例子来说，你再忙能忙得过蔡澜吗？头天晚上搭飞机落地北京，在飞机上敲出一篇稿子给专栏杂志，早上6点起来看剧本，7点出门到会场，8点就坐下来接受采访，9点新闻发布会就要准时开始了。

当有些人心安理得做伸手党的时候，有些人早就麻溜儿地搜集了大量资料，一路小跑地跑到前面去了。

马家辉是我特别喜欢的香港作家。他在香港出生，台湾大学心理系毕业，在美国拿了一个硕士学位和一个博士学位。后来，他在《明报》担任副总编辑，一直坚持专栏写作。他相当高产，又会写又会讲。关键是这些人不是全职写作，他们的主业一般都是总编辑、导演、监制、主持人等。什么叫才子？才子就是见缝插针地写作，就能写出名气，写出水准。

马家辉还有一件很牛的事情，他19岁的时候在书店看了李敖的书，特别崇拜李敖，立志要在21岁写一本关于李敖的书。为此，高考的时候他放弃了浸会大学，考入台湾大学，他通过出版社取得李敖的地址，登门求见。李敖见来者并不认识，便嘱咐他明日同一时间再来。马家辉后来终于认识了李敖，几乎每天下午都会在李敖的家中整理简报，听他海阔天空，大二那一年，马家辉写出了畅销书《消灭李敖，还是被李敖消灭》。

他比李敖小 30 岁，李敖对他说：“胡适曾对我说：‘你比胡适更了解胡适。’但是我跟你说，你马家辉比李敖更了解李敖。”

后来他说：“我做过一段时间李敖的助手，现在想来，如果没有那段经历，就没有今天的马家辉。”

不肯下一点儿功夫，永远不会明白自己从何而来，又将要立足何处。

所以，你百分之九十九的问题，都是因为懒。

懒得去准备采访稿，反正是好是坏照发工资；懒得去读宝贝介绍，反正你不卖给我，别人也会搭理我；懒得去做梦，反正也不一定能实现；懒得去思考未来，反正缘分这两个字可以解释一切。懒得保养、懒得运动、懒得上进……最享受的状态就是平时不上课，期末考试的时候张张嘴，有学霸的笔记可以复印；最享受的就是窝在沙发上吃薯片，吃到碎片掉一地，然后思考如何伸出双手就可以丰衣足食。

我不会告诉你，这个世界上永远是有些人在摸着石头，而有些人已经过河了。

我不会告诉你，人生所有的失败和痛苦，都是咎由自取。

别让自己努力得满腹委屈

我出门开会打优步，一早一晚，遇到了两位风格迥异的专车司机。

第一位，是早高峰的时候。载我的是一位年纪偏大的师傅，我一上车，他就问我：“怎么走啊？”

我说：“跟着导航走吧。”

车开出去一段，就开始堵车，师傅挠挠头，开始嘟嘟囔囔地抱怨：“我早上6点就起来拉活了，等了一个小时才拉一单，现在你是第二单，哎呀，又赶上大堵车。唉！今天早高峰任务算是完不成了！”

“早高峰任务很难完成吗？”我特别喜欢了解各行各业的人的状态，便问他。

“优步的政策是早上6点到10点算是早高峰，这段时间内拉够4单，平台奖励司机100块钱。”

“那不少啊！”

“你看我现在就堵在这儿了，我把你送到国家会议中心，一个半小时过去了，然后我还得空载回到这个地方等单子，任务肯定是完不成了……”怨气说出来，并没有让他好过多少。正说着，右边车道有车要并线，他厌烦地啪啪按喇叭。

虽然我不太明白为什么他在城里跑还要放空车到老地方等派单，但是看他一筹莫展的样子，肯定是单子不好接。

对于自己完不成早高峰任务，他把这个责任都推给公司了：“现在公司太坏了，太欺负人了！他们标准定得这么高，故意让你完不成任务！对了，不然你下车后你再下个单，我抢着了就能完成任务了。”

我表示下车后还要赶时间，他便没有再勉强。虽然一路上他苦大仇深地给我灌输负能量，不过我还是在乘坐体验那一栏给了他五星好评，按照我下车时他所要求的那样。

下午从会场出来，又叫了一辆车。是个笑容满面的年轻人，我一上车，他就热情地跟我打招呼。

有感于上午的经验，我问师傅：“现在单子不好抢吧？”

“也没有啊，我早上 6 点出门，接单率还是挺高的。”

“那早高峰奖励能拉够吗？”

“我能啊！我还建了一个微信群，里面有两百多个司机，我老乡差不多都是跑优步的。”等红灯的时候，他乐呵呵地展示给我看，“我老能完成任务，所以他们都加我，哈哈。”

他不仅能完成早高峰订单，拿到 100 元奖励，而且下午 4 点到晚上 11 点的订单也能够顺利领到奖励，又能拿到 90 元。

司机小哥表示早高峰完成奖励，光等单是不行的。有的区域有私家车的比较多，自然不会打专车上班，等在那儿再久也没有用；还有就是，因为平台是靠接单量计算奖励的，所以长距离的订单一定会吃亏，再熟悉路况的司机也架不住三环、四环堵两个来回。

经过他的细心观察和多次试验，发现西北五环的科技产业园区早上最好接单，那里年轻人多，需求量大，打车基本上都是从宿舍到单位，最多也就是三公里路程，轻轻松松完成任务。

专车司机一个月多的话能挣到一万多元，少的话几千元。同样是早上 6 点出车，晚上 11 点收车；同样是辛苦、单调的工作，却有不小的收入差距。虽然优步司机中，优胜者比一般人也就多挣好几千元，但是这说明了一个道理：在阶级、背景、起点和平台都高度相似的情况下，胜出的会是有心人。

而抱怨外界、投机取巧，幻想不劳而获，总是觉得命运故意来磨得自己没脾气，即便是拼命往前跑，也很难使自己的努力增值。

所以古龙说："聪明人不会让自己吃苦的，但是不吃苦，又只能停留在小聪明阶段。"

《笑傲江湖》第二季，有位选手卖彩虹圈，10 元一个，一天能在街头卖出 4 万元。同样是街头生意，比别人卖得好很多。刚开始评委还不相信，4 万元就意味着要卖出 4000 个，怎么可以？

等节目开始后，评委们完全相信他能够卖出那么多钱，因为他把彩虹圈玩出十八般武艺，特别吸引人。

这个世界上努力的人也很多，聪明的人也很多。只有努力加上聪明，才能够获得更好的收益。

人要努力，但是不能低着头努力。

年轻的时候，对于在高位者和白手起家的人有些偏见，总觉得他们要么就是入行甚早，要么就是运气奇好。这些人在我眼里就是投机倒把或者暴发户的代名词。

这几年见了不少人，基本上把我之前对于有钱人的认识推翻掉了，我发现这个世界上聪明人都在从事着赚钱的事情，而最聪明的人从事着最赚钱的事情。而在现代社会来说，你获得的收入和你的能力是基本匹配的。

我们集团的老总，只要见过你一面，第二次见面就能够叫出你的名字，让员工感觉特别亲切；上次还见到某个创业型互联网公司的CEO，四十岁出头，戴副眼镜，穿件格子衫，背着双肩包，看起来平淡无奇，但是一和他谈话，你就会发现这个人真的是了不起，知识面之丰富，对于不熟悉的领域之虚心，让我佩服不已。

人的智商从科学上来讲取决于三个部分：神经智力、经验智力和反省智力。

其中，我们大多数人的神经智力都差不多，中国人平均神经智力105，大部分人处于这个水平，也有神经智力爆表的例子，比如说爱因斯坦。

经验智力，就是重复做一件事情能够达到的水平，比如日本纪录片《寿司之神》里面的小野二郎，他做寿司五十年了，现在的手艺已经出神入化。

反省智力，就是你对于事情的判断、应对和积极心态。这是智力当中把人和人真正拉开的部分，也是最重要的部分。大凡我们所谓的聪明人，反省智力都比较高，而反省智力根本上是一种逻辑思维能力，它能够使成功的结果放大。

所以，那两位优步司机，在神经智力和经验智力基本一致的情况下，反省智力高的人，就可以在这个领域殊胜。

所以不是把一件事情重复一百次就会成功，不断地重复而从不思考，只能说你行动过，经历过；而在不断重复的过程中总结经验、积极思考，才叫作经验，是去芜存菁之后真正宝贵的东西。

在此过程中得到的一切，谁都拿不走。

你若不厉害，玻璃心给谁看？

去年上半年的时候，吕得水和我们几个在小区底商开了一家自认为很有品位的女装店。因为他是大股东，再加上抓大不放小的性格使然，很多事情他都要亲力亲为。他前期招的几个店员陆续离开，吕得水好朋友的学妹，自告奋勇地说，刚好放假，可以在店里照顾一个月时间。吕得水很高兴，激励她，做得好了，以后让她当店长。

吕得水拟了一份合同，上面写着：工作时间为一个月，工资给五千块钱，还有几百块的饭补。为了让她安心工作，吕得水甚至在自家腾出一间客房给她住，因为如果给了工资再让人去租房子，确实也不剩下多少钱了，很打击积极性。

不过合同里也写了，如果学妹不满期限就离开，要按照每天的平均工资扣钱。

学妹日常工作就是理货和卖货。有时候，店里有会员活动，也需要她打电话通知、确认，以及维护秩序。

因为女装店开在小区底商，生意的来源主要仰赖周围的居民。当时吕得水决定把店铺放在这里，就是觉得这儿附近小区多，人也多，而且都是大户型。但是由于很多原因，服装店一直亏得吃汇仁肾宝都不管用，房租钱根本挣不回来，每月的流水也就够发员工工资，还要自己垫上水、电、物业费。

吕得水考虑到比较大的资金压力，做了一个不知是吉是凶的决定，就是要把店铺转让出去。他告诉学妹，从现在开始，衣服和鞋子全部五折出清，只有她知道就好，先不要告诉客人。如果店铺能转让出去还好，如果转让不出去，还要继续撑着做生意。

学妹接手的第二十天得知这个消息，工作开始有点心猿意马。

离合同期限还有五天，学妹突然说家里有事，要走人，车不等人，第二天就走了。

惊得吕得水目瞪口呆，因为他还有自己的生意，店里又没有店员，旧的已走，新的又没入职，无奈关门了好几天。

最后学妹走的时候，两个人也闹得挺不愉快的，吕得水心里堵着一口气没有去送，学妹拎着行李箱，悄无声息地走了。

吕得水征求我的意见，问我要不要把小学妹微信删掉，太可气了。我说："算了吧，以后应该也不会联系，删了还显得你小气。"

到此为止，这还是一个从今往后，一别隔人海，从此是路人的故事。

结果没想到，三个月之后，画风突变。吕得水开始了新的创业，他每天在朋友圈里更新自己的创业进展，打鸡血似的，一天连发十几条，看得我都替他热血沸腾。

小学妹有一天突然给吕得水发微信说："师兄，我也想加入你的团队，做点事情……"

吕得水直接一个大写的蒙圈。

之后，吕得水还是把她拉进来一起做事。虽然不知道这次合作会不会愉快，我也无法断章取义地评价她的品格，但是有一点是可以肯定的，内心强大到残暴真是菜鸟求发展必备技能之一。我设身处地地想想，和前老板弄掰之后再去找他，像我这样脸皮这么薄的人，真是想想都尴尬啊。

吕得水跟我说他的奇遇，我表示这姑娘以后搞不好能做大事，一点儿玻璃心都没有，想做什么事情就直接去问，试了，得到机会的概率是百分之五十；不试，一点儿机会也没有。

玻璃心与否从根本上来说，是我们的最终目的和当下感受之间的博弈。放大情绪的感受，必然导致玻璃心，可是当目标和渴望大于感受的偏执，那还有什么玻璃心啊？

大家对于韩信受胯下之辱的典故都很熟悉。当年韩信一文不名时，苦于生计无着，只能在熟人家里吃口闲饭，有时也到淮水边上钓鱼换钱，落魄的样子经常被嘲笑。一次，一群坏小子当众羞辱韩信，有一个屠夫对韩信说："你虽然长得又高又大，喜欢带刀佩剑，其实你胆子小得很。有本事的话，你敢用你的佩剑来刺我吗？如果不敢，就从我的裤裆下钻过去。”韩信知道自己孤身一人，无法应付，硬拼肯定吃亏。于是，当着许多围观人的面，从那个屠夫的裤裆下钻了过去。

如果韩信和屠夫讲理想和道德，估计已经成为刀下冤魂了。那以后还谈什么登坛拜将？谈什么屡建奇勋？

所以说，要把玻璃心修炼成金刚钻。

要有金刚钻，才能揽瓷器活啊。

我不知道在哪儿看的一句话，是这么说的：“世界上有两条路。一条是必须走的路，一条是想去走的路。然而我们必须把必须走的路走完，才能去走想要走的路。”

因此我们都要想清楚，是我们想到的东西重要，还是此时此刻的感受重要。

如果觉得此时此刻的感受重要，那么玻璃心，真的可以有；如果觉得结果更重要，那对于结果的渴望，终究会让我们拥有披荆斩棘的动力。

当脾气没有大过本事的时候，适当地收敛自己的玻璃心。

不知道在哪里听到杨幂的一个访谈。她说，她只会让坏情绪停留在自己这里十分钟，十分钟之后，马上调整进入下一个状态。

真正在做事的人是没有时间玻璃心的。

什么叫玻璃心？玻璃心是对外界的一种反应。我骂你一句，你生气了，这就叫反应。玻璃心的人，特点是会放大自己的感受，而且陷在里面无法自拔。

有一次，我们一行五人去吃云南菜，要商量点事情。我邀请一个学妹和我一起去吃饭，因为在座的有个她敬仰的前辈，所以这对她来说是个很好的认识机会。

学妹吃饭的时候还高高兴兴的，直到服务员端上来一碗比脸盆还大的米线，我告诉她，让她把米线给大家分一分，然后她就变得有点低气压。我们继续聊天，她后半程低气压到底。

用餐完毕，别人都走了，我们一起搭地铁。我问她怎么了，她一开始还不说，最后终于委屈地开口了：“餐桌上就我年纪最小，还是个女生。你们让我盛米线，一盛就是盛五碗，是不是觉得我该做这些？是不是因为我是个女的，你们就欺负我？”姑娘说着，当真哭成个泪人了。

我特别惊讶于她的脑回路。

其实不是因为她性别女，也不是因为她年纪最小，而是因为米线离她最近，送上来的餐碗都摆在她的面前，吃饭是个比较大的圆桌，我们坐得分散，别的人都够不着。我安慰她好一阵，她才含着眼泪谅解我们了，我轻拍着她的背，有种地主恶霸欺凌民女的恍惚感和罪恶感。

除了涉世不深的独生女的玻璃心，这个社会上还有五光十色的玻璃心。

贾玲演了一个花木兰，研究花木兰的人说她丑化花木兰，让她道歉。春晚上调侃剩女也玻璃心，调侃身高也玻璃心。

玻璃心一碰就脆的担不了大事，开不起玩笑的人都活得辛苦。

我有个亲戚，快 50 岁了，还单身一人。每次家庭聚会，总有人拿这档子事说笑，她也不恼，也不摆臭脸，每次都笑嘻嘻地说：“哎呀，又戳到我的伤心事了，好，我一定不辜负大家的期望，早日成家！”大家一笑，转移话题。

所以说，玻璃心干吗呢？一是庸人自扰；二来，也没人愿意接着，哭哭啼啼、冷冷冰冰的样子，一点儿都不好看。不如省下点力气，去经历，去爱。

如萨特所语，不要把自己活成一堆情绪，软弱而无用。

谁说挺住就意味着一切？

吕得水和我们几个弄的服装店，选地方选了挺久，都没有发现有底商要出租或者转让。所以当我们发现这个小区底下有一排底商不仅空着而且虚位以待的时候，一种宿命感涌上我等的心头，放眼看了一下周围的小区，都是大户型，还有两个私立幼儿园，对面还有一片老居民楼，虽然看起来破败了一点，不过来往的人应该不少，更坚定了我们“就是这儿了”的革命意志。

无奈，前文已经提到，服装店从开张开始，就处于半死不活状态。原因之一就是我们选址的失败，我们只看到这边居民楼多、挨着高档小区，没注意到的是底商开在小区停车场，而小区正门不朝这边开，别说买东西了，就是来这儿遛弯儿的人都特别有限。而且开张以后，有客人又补了一个残酷事实，就是对面那片老小区看起来气派，其实都是回迁房，里面百分之八十以上的业主都是老头儿、老太太，别说物业，水电等费用都是死扛着不交，一上门收钱，就装危重病人，那钱都不交的人会来你们这儿买衣服？呵呵。

所以，我们这家店前景渺茫。

遇上不好的天气，住在那里的人都窝在家里不出来，店员比顾客还多。

利润什么的说起来都是泪，每个月给房东交出两万多元的租金，剩下卖货的钱，在刨除进货成本之外，给员工发工资都不够。

从前我们出去逛街，只是逛街而已，看看什么衣服好看，瞅瞅哪家饭馆好吃。那段时间我们出去逛街，眼里看见的不是物件，而是别人的经营状况。

看到别的服装店或者餐馆生意红红火火，哀叹一下自己，怎么人家能把生意做那么好呢？真厉害啊！

看到不少店铺也闭店转让歇业，感慨一下，天涯还是有同路人的。

为了改善经营状况，我们也做了各种努力：贴海报、发传单、写宣传，为了留住每一个潜在顾客，熊孩子跑到沙发上撒尿都忍了，但是结果还是不理想。后来我们团队经过商量，做出了一个不知是吉是凶的决定——在租金到期之前，把店铺转让出去，尽快止损。不过店要关，但是货还是要卖，老店员走了，我们还是要招新店员。

有个开过美容院的女生前来应聘。

把日常的工作交代给她，她很认真地找吕得水说："虽然我现在来应聘店员，那是因为我不想太累。但是我之前是开过美容院的，在美容院是做店长。"她展示给我们她原来那家美容院开业的盛况，我一看，很大的门面房，门口有气球，有花篮，有美女司仪，确实有模有样。

听说吕得水决定转店，她以过来人的口吻说："店啊，都是需要养的。前半年都是给房东打工，还要付水电和员工工资，这都没办法。但是半年之后就好了，你应该坚持住。"

说得好有道理，以至于我们当时还琢磨了一下这事。不过她两个星期后就离开了，我们的店又陷入既缺人又缺钱的地步。

有个做微商的妈妈，平时经常到店里转转，就问怎么刚上架就半价了。我说生意不好做，可能考虑转让。

她说的话也如出一辙："店啊，都需要养一养。你们真的应该再坚持一下，做生意都是这样的，周围小区的人了解你们也需要时间。"

她说完这番话，慢条斯理地拨弄了几下衣服架子上面的衣服，看了一下还是前几天的老款，带着孩子扬长而去，在隔壁的童装店买了几个玩具，跟我们拜拜了。

隔壁那家童装店看我们挂着转让通知，过来很遗憾地说："怎么关门了啊？我还想着这个店开起来，咱们联手呢。"现在的妈妈给孩子买东西比给自己买舍得很多，其实说白了，想让我们给她导流量。

所以说，旁人的话听起来很有道理，然而实际上并没有什么用。

店是我们开的，资金的压力也是我们担着。店员说不干就不干了，我们房租照交，工资还得照发；顾客该不买照样不买，明知道我们已经是三折进货五折卖出，逛了一大圈，买了三双袜子，还问你：“再送我女儿一个小发夹可好？”还有人天天过来转悠，但是什么也不买，每次聊天都聊到口干舌燥才依依不舍地离去。我心想，聊就聊呗，只要不耽误干活儿。没承想，人家某天突然带着一小袋东西来了，说：“我看你这地方挺空，能不能把我的马油皂和水光针面膜放你这儿卖？”

刀永远是架在别人的脖子上最轻，架在自己脖子上最重。很多话，别人也就是随口说说，担惊受怕还得自己手挑肩扛。

最后我们还是把店关了，虽然花费了很多心血，但是前途风雨飘摇，不如趁早落荒而逃。

前段时间，有意从那家店门前走过，想看看曾经一起并肩战斗过的它成了什么样子，发现接手的那家也挂上了转让的牌子。

“挺住意味着一切。”是一句很励志的话。

但是，有的时候真的不是这样。

旁观的人能够说出很多豪言壮语，然而味同嚼蜡的是你，夜不能寐的是你，被房东催租的是你，面热泪生的还是你。

已经感冒了，坚持下去，可能会熬成心肌炎。

抓住一个溺水的人，坚持下去，只会越陷越深。

愚公干吗要移山呢？搬家不是更好吗？

错误的项目就像是和猪摔跤，即便赢了，也是一身污泥。

有个做茶叶生意的朋友，前段时间和合伙人因为股权问题闹得不可开交，他尤其不肯让步，因为他是大股东。前几天再见到他，发现他的精神状态好了不少。问他：“公司怎么样了？”他说：“公司不要了，给他们了。”

众人很惊讶：“那多可惜啊！”

他摇摇头说：“我想清楚了，现在最宝贵的就是我的时间和精力。闹来闹去，心累，不如及早撤出，开始新的项目。我现在挺好，完全不管他们那些破事，自己开始做新的网站，也注册了新公司，每天一点一点打开局面，这种感觉好极了。”

很多时候，我们会碰到不能够硬干的情况，如果已经足够努力，拼尽全力，还是不能够阻止事态下滑，还是不能够达到自己的目标，那万万不可恋战，要尽快撤出。

张德芬女士在她的《重遇未知的自己》当中写一位母亲的纠结——

“我的孩子 5 岁，当初是她想要练琴，我才给她买了一架钢琴。现在，她每到弹琴就觉得很痛苦，所以我很生气，我觉得一件事情就是要坚持到底，不能半途而废。”

张德芬说：“佛陀当初选择以苦行的方式来修道，最后他放弃了，换了另外一种方式才在菩提树下悟道。如果他坚持苦修到底，可能在成道前就挂了，今天也就不会有释迦牟尼作为我们成道的榜样。还有我们的轩辕黄帝，如果他坚持拜一个师父到底，可能我们就看不到《黄帝内经》这本千古奇书了。”

所以说，不要活在别人的期待里，也不要盯住自己的成败。及时撤出，而不要为了感动别人把自己活成励志大片。

《魔鬼字典》说自欺就是，人们能够从鸵鸟身上学到的一种古老的生活技能，就是人类最古老的仿生学成就。像鸵鸟遇到强敌把头埋进沙子里面一样，人们在看见暴君对他们施虐的时候，往往把头偏开，以为这样就祸不及身了，就是眼不见为净。

失败就是失败，成功就是成功。说失败扛得够久就会成功，这是受励志成功学的荼毒太深，要尽快接受治疗。

有人说，暂时的阴霾就像漫长的隧道，跑过去就是光明。跑过去有可能不是光明，也有可能是万丈深渊。但凡走过的都不是冤枉路，但有的时候，找井比打井更重要。

你永远不会知道那些让你挺住的人是祝福还是报复，但是，你可以做到的是在但行好事的同时，也要问问前程。

过度地耗在一件没有未来的事情上是万恶之源，任由别人往自己身上打鸡血是最大的作死。

待到他日填平了伤口，恢复了元气，重新站起来，还是一条好汉。

但行好事，莫问前程

这几天，有位朋友向我诉说家里的烦心事。

她家和姐姐家因为同一件事情损失惨重，两家基本上都赔了个精光。这件事情还没有缓过劲来，姐姐和姐夫又向她借钱。姐夫说，只要资金周转过来，就会立刻还钱。可是这位朋友家里还有年迈的父母需要养老，自己的人生和事业也还没有安顿。况且，这钱借出去容易，要回来难。

一边是拒绝就伤感情的姐姐和姐夫，一边是窘迫的现状和年迈的父母，两边都不容易。

该怎么办？

1949 年，素未谋面的外甥女写信向著名美国作家安·兰德借 25 美元买衣服——1949 年，中国的人均 GDP 才 15 美元，所以 25 美元是不小的数字。安·兰德给这位侄女回了一封理性无比的信。信中说：

“如果你真的想跟我借 25 美元，我得知道你是什么样的人。

“我希望你现在就能理解，我不会接受任何借口，除非你身患重病……如果债务到期，你跟我说你没法还钱，因为你需要一双新鞋，或者一件新外套，或者你把钱给了家中你觉得比我更需要钱的人，那我就会把你看作贪污犯。当然我不会报警，但是你在我眼里就是一个烂人，一文不值，我再也不会跟你说话和通信。

“如果你觉得因为我们碰巧是亲戚，所以你就有资格从我这里拿钱，那你要赶紧打消这个念头。我希望你趁现在还年轻，就应该非常清楚地明白，没有人会打心底里觉得资助亲戚天经地义。起码我自己不这么认为，也不会这么做。如果要我喜欢你，帮助你，那你得给我个理由，而不仅仅是你需要帮助，这不是一个好理由。但是你可以通过展现你的良好为人，来争取我对你的喜爱，对你的兴趣，进而对你的帮助。”

安·兰德并不是一个铁石心肠的人，她有前车之鉴。之前，她借钱给一个说要去上艺术班的亲戚，可是那个孩子没有去上课；她又拿出钱来资助另外一个孩子读高中，结果那个孩子根本就没有高中毕业，还钱的事，自然就不了了之。

这是一种基于熟人关系的怪圈，因为我们很熟，所以你不好意思拒绝我。可是很多人没有学好道义和责任，就急急忙忙跑出来借钱，真是折煞众人。

这是人性的弱点，也是中国式伦理的弱点。而且实在是遗祸深重。

社会上发生那么多传销、高息贷款、非法集资的恶性事件，基本上都是先拿亲戚和熟人下手，反正先把钱骗到再说。话说回来，那拙劣的谎言，骗别人，别人也不信。

我父母年轻的时候被骗的第一笔钱，就是给做传销的同事诓了去的，最后留下两罐保质期三年的破奶粉，不知所终。我奶奶存下的钱，也是被亲戚骗了去做担保，最后血本无归。那亲戚哭哭啼啼，抹着眼泪说："姨啊，我哪知道会出这种事情啊！"奶奶看她也年近六十，撒泼耍赖，明摆着的意思是：要钱没有，要命有一条。也只好倒茶，送客，踉踉跄跄地回屋，生吞几颗速效救心丸。我拿老太太的合同去找做律师的朋友看，他说，这是个精心设计的无效合同啊！

有些亲戚是典型的对口不对心，撒谎像是吃饭，脸皮像是城墙脚，城府深得堪比无底洞。明知道前面是万丈悬崖，明明知道自己的承诺都是放屁，还推着自己人往火坑里跳。

什么是亲戚？亲，血脉相连；戚，休戚与共。

刘墉的书里曾经写过这样的故事：

他的读者写信给他，说自己得了白血病，要做骨髓移植。她的身世很坎坷，姐姐对她很不好，经常打她、骂她，她觉得姐姐一点儿也不爱她。

刘墉接到信，给她打电话，问道："你说要动手术，有没有找到骨髓配型的人？"

女孩说："找到了，就是我的姐姐。"

“就是你在信里面讲的，那个从小一直欺负你的那个姐姐吗？”

“对。”

“你姐姐知道骨髓移植要在骨盆上钻洞，抽出很多骨髓，是吗？”

“姐姐知道。”

“你还认为姐姐不爱你吗？”

女孩子停顿了半晌，说：“姐姐爱我。”

在患难的时候，才能窥见几分真情。荣华富贵有人追，同甘共苦无人陪，是人之常情，而那些没有尊重和体谅，以亲戚之名行诈骗之实的人，是糟践了亲戚这个温暖的字眼。

关于借钱这个问题，机智的犹太人早已看清楚了一切，那就是——借钱给朋友等于花钱买敌人。

因为你极有可能丢了本金，还赔上了你对他的信任。当然，你有可能一开始就完全不信任他，只不过因为你们有血缘关系而已。

如果有人问你借钱，你告诉他，早就有一个专门给人借钱的地方了，这个地方叫作银行。只要复印个身份证，填几张表，就可以了，而且还有免费的茶水喝。

如果不缺现金，就去办几张信用卡，然后想怎么刷就怎么刷，记得还钱就行。这比向别人借钱，还要请吃饭、说好话，经济多了；来者都是客，银行才不会像一些小肚鸡肠的人一样鄙视你没钱。

如果你要把钱借给别人，一定要了解他的为人，并且确定他确实有偿还能力。并且把你借钱的想法告诉家人，确定他们知情并且接受，而且不会使你们的生活水平下降。不是有很多这样的例子吗？20 年前卖掉大几千、小几万的股票给亲戚做生意，亲戚至今未还，几十年的世事变迁，当时那一点钱，到现在不知道变成多少倍，又是弄得一家人鸡飞狗跳。

《修身宝璧》中说："使为善而父母怒之，兄弟怨之，子孙羞之，宗族乡党贱恶之，如此而不为善，可也。"

也就是说，做好事弄得天怒人怨的，自己的生活都保障不了，真的是不做也罢。你的家里都成那个样子了，他又不是不知道。

那人要把你剥削得片甲不留，何必还要顾及他的感受？

杨绛回忆说：钱锺书从来不借钱给别人。如果一定要借一万元，钱锺书会在钱数上打个五折，然后悉数奉送，说："不用还了。"

有人花一生时间去认清一个人，有人以五千元去认清一个人。

不过话又说回来，亲戚和朋友是一样的。亲戚是一种我们无法选择的存在，又和我们的父母有割不断的血缘关系，所以这个道理，老一辈人都懂，可是他们真的是做不到。

举个我身边的例子。因为我姑姥的弟弟对他们的父母不好，即便是住在一个城市，姑姥也是很长时间都不和他来往。去年，弟弟给她打电话，说："姐啊，以前的事情对不起，我提了点东西来给你道歉了。"姑姥感觉弟弟长大了，披着衣服就跑出来迎接，激动得差点流泪，结果弟弟把东西刚放下，就说："姐，我最近手头有点紧，能不能借我 10 万块钱？"

…………

不过她还是借给他了，然后就没有然后了。

我们家也有很多喜欢上演宫心计的亲戚。本身我们家就是工薪家庭，但是他们还真是有办法从你这里抠出钱来。比如苦肉计，说老人生病了，你得借钱；比如空城计，说鱼塘被洪水淹了，你得借钱；比如欲擒故纵计，说马上要拆迁，赶紧回去修老房子吧！结果房子盖好，三层房子人家占两层，美其名曰："你们也不回来住，我先帮你们看着。"简直让人气结。

但凡接到这样哭穷的电话，我爸第一时间就会弄点钱给他们寄回去，不问真假。我原来觉得特别生气，老爷子这么辛苦挣钱，你们凭什么说借就借?

后来我想开了，钱是他们挣的，攥在他们手里，我看着干着急，也没什么用。借钱给朋友，一般人还能保持清醒。借钱给亲戚，尤其是当年全家人只喝一锅白粥，吃几根咸萝卜的亲戚，借出去的不是钱，是对于过去共患难岁月的恩情。

所以，现在二老借钱出去，我不问不说。就当他们积德行善，延年益寿了。

你所有的努力，都是为了不让未来的你无能为力

闺密的妈妈岩女士十几岁的时候离开家乡杭州，她本来家境优越，但是心里有一股闯劲，想到处走走看看，不知怎么的，就落脚在我们那个小城市，遇见闺密的爸爸——一个刚刚从部队退伍，准备创业的青年。

他们恋爱不久就结婚了，之后有了孩子，这个孩子就是我闺密。闺密的爸爸赶上了下海的好时候，赚了不少钱。那时候，我爸还在骑着 28 自行车的时候，他们家已经开上了桑塔纳，而且因为家境殷实，岩女士不必出去工作，就在家里打扫卫生、做做饭。

小时候经常去闺密家写作业，每次到她家的场景便是岩女士穿得整整齐齐，坐在客厅的真皮沙发上，手里拿着遥控，有时专注地看一个台，有时百无聊赖地换各种台。窗外车马喧嚣，她一直坐在那里，仿佛与世隔绝。等到墙上的钟跳到五点多，她开始走进厨房做饭，有时候饭做好了，闺密的爸爸会突然打电话回来，说有应酬，不回家吃饭，她照样会端出一大桌菜，吃不完再放起来。

岩女士和我们也没有很多话题聊，但是最喜欢说的就是她的衣服很贵，令我印象最深的是对于自己的容颜过分关注和焦虑。我看过她的梳妆台，都是我们那个小城市最不菲的化妆品。我总觉得她的状态有点哀怨，不够昂扬，擦很高级的化妆品，还是面有菜色，但是，我还是会很违心地说：“阿姨，你看起来还是很年轻。”

她听到这儿，半信半疑地笑。

女人和社会脱节时间一长，容易产生怨气。渐渐地，岩女士的老公晚回来一点，就被质问：“是不是去鬼混了？”

最后，她老公真的出去鬼混，她指着老公的鼻子骂：“我为这个家付出那么多，你居然这样对我！孩子我帮你拉扯这么大，这个家的角角落落都是我打扫干净的，你对不对得起我？”

她的渣老公连连求饶：“我错了，下不为例！”

后来，闺密快要出嫁那年，闺密的爸爸突然卷款失踪，毫无预警。岩女士一大早起来，床的一边空空荡荡，她习惯性地检查一下家里的存折，发现存折和房本不翼而飞，再飞奔到车库一看，奥迪不见了，只留下那辆送货的江铃在车库里无情地嘲笑。

她疯了一样到处找人，两天后接到的电话是，她的老公提出离婚。岩女士一夜白头，晚上睡觉惊醒 10 次以上。我听说了她的遭遇后去看她，她声嘶力竭：“我真后悔，当时就不应该答应他辞掉工作。现在他跑了，我什么也没有了。现在我再去找工作，谁会要我这个老太太？”

她说罢，泪如雨下。我拍拍她，内心却唏嘘不已。一个靠谱的老公拼得过一万张肉毒素面膜，擦再贵的化妆品，也遮不住内心的憔悴。天天按摩脸蛋，想做永不服老的妖精，一天三套梦特娇，也拴不住男人的心，强忍住怨气不闻不问，最后还是不能消灾免难。

我的一位姑姑，早年是数学系的高才生，本科毕业之后，到美国读了研究生，考过了十分难考的精算师，消息传回国内，家里人都惊羡不已，老人们更是觉得倍儿有面子。每逢过年，大人们逮着小孩子问期末考试成绩，只要问到期末考试成绩不好，就会说：“你们要向姑姑学习，看姑姑多厉害！”总之，她的辉煌成绩一度成为励志典范，激励我们这些不争气的孩子好好学习，天天向上。

她后来回到国内，工作过一阵，觉得辛苦，再也没有去工作。当年头悬梁锥刺股考下来的金字招牌，成了一张无用纸。

她要孩子比较晚，有了孩子之后，每日围绕着孩子转，没有再看书、写字和做自己的事情。有一天，我们一起开车出去玩，她坐在汽车后座，抱着孩子，掏出手机写了点东西。孩子在她怀里闹，她说：“你别闹，妈妈写点东西。”

孩子特别好奇地说：“妈妈，你不上班，也写东西啊？”她一时语塞，不知道说什么好。

她没有收入，一般的花销需要姑父支付。她很少给自己买什么东西，逛商场买厨房用品，买得不合适，也能成为吵架的导火索。

他们两口子有次掐架，姑父说：“你说你去逛街，买点什么不好，买个破壁料理机，两千多块钱，买回来就没用过几次。”

姑姑一脸委屈，想想他说的好像有道理，自己又不挣钱，买这么贵的料理机，觉得有点理亏，只好坐着不说话。

她回想自己不凡的过去，以及结婚前的娇生惯养，跟我说：“我结婚前，到哪儿都是打车，跟了他，到哪儿都要算计，能走路就不打车。有一次大冷天走去饭馆吃饭，最后我俩都冻感冒了。而且结婚这么多年，房子还是又小又破，我们周围的朋友都换了房子，唯独我们，唉！我就是没工作，我要有工作，还指望着他？”

说到底，大家都是俗人，情操和品格都没那么高。选男人的时候，擦亮眼睛也没有用，因为未来是不可预测的，唯一可以预测的就是不可预测。当年说“你不会做饭没关系，我找的是老婆又不是保姆”的是他，后来说“你什么也不会干就算了，连饭也不会做”的也是他；当年说“你不去工作没有关系，我养你”的是他，后来说“你不去工作也就算了，吃我的，喝我的，还败家”的也是他；当年说“我负责赚钱养家，你负责貌美如花”的是他，后来说“你怎么越来越像黄脸婆”的还是他；当年说“我的就是你的，你的还是你的”的是他，后来你摸一下他的手机，他就摔脸说“你不相信我是吧？各走各的吧”的依旧是他。

海誓山盟的是他，吃着碗里瞧着锅里的也是他。

既然男人已经不是耐穿品，所以现在的女人不仅要出得厅堂，入得厨房，而且要能上得刀山，下得火海。男人说的“我养你”，当情话听听，别当真，也不能当饭吃。没有主心骨的女人，被男人捧在手里的时候是水晶杯，男人一撒手，就摔成玻璃碴子，惨不忍睹。

女人一定要把命运牢牢掌握在自己手中，强大的自己比抱怨更能解决问题。金星采访杨幂：“你给父母买房需要告诉刘恺威吗？”杨幂说：“不用啊，我自己买得起。”

有工作，有家庭，可以活得很好。例子很多，比如习大大和彭妈妈，大家自行仰望和膜拜。

有工作，没家庭，也可以活得很好。比如朴槿惠，媒体称为“嫁给韩国的女人”，温文尔雅，终生未嫁，无父母，无丈夫，无子女，一心只有苟利国家生死以，岂因祸福避趋之。

但是有家庭，没工作，无数事实证明这是一条荆棘之路，处处埋伏着危险和委屈。有些富家的太太，看起来光鲜靓丽，但老公出轨之后，她们大气都不敢出，“查水表”发现暧昧短信还要掂量掂量——做一个不管不顾的怨妇容易，可是如果用力过猛被净身出户，可是连屁都不是了。

所以，只好打碎牙齿往肚里咽了。

所以，要跟上这个社会的脉动。这不仅可以使女人始终保持美好的风采，增进感情，持续保鲜，还可以防止万一投资男人失败，要和一个不堪的男人分手时，能够做到急流勇退，而不是粉身碎骨。

因为，首先一个现实的问题是中国的社会福利还没有覆盖那么全面。我知道很多日本女性是不工作的，在家带孩子做家务，老公出去赚钱，不工作的女性同样可以得到很好的尊重和保障。但是中国现在如果失婚后没有工作，完全得不到保障，几百元的救济金够谁花?

另一方面，我们国家现在的发展日新月异，和社会脱节的结果就是当你再试图回去，一切沧海变桑田，难以跟上节奏。

幸运的是，我们身处一个通过努力就可以获得成就感的时代。

所以，女人永远不要自绝于社会。即便是不需要到公司、企业和政府工作，也可以在家自己做事情，比如开个淘宝店等。我有一个朋友，她虽然没有去上班，但是自己在家经营一个小事业，就是穿各种各样好看的手串和项链，现在她有个自己的淘宝店，生意平平淡淡，但是她乐在其中。香奈儿也可以完美回答这个问题，在那个女人都以不工作并嫁入豪门为荣的时代，香奈儿冲破偏见，建立了自己的工作室，而且以大胆的创意和想法，名垂后世。

其实，不工作的女人过得好的也很多，工作的女人过得不好的也屡见不鲜。问题是，你可以不工作，但是要随时保持回到社会的能力。如果被某个男人抛弃，可以去找到另外一个男人，但是如果被这个社会所抛弃，不太可能再去找另一个社会。

什么叫随时保持回到社会的能力？

张幼仪对于现今的我们来说，她最响亮的名头莫过于被徐志摩抛弃的糟糠之妻，其实她的精彩人生，那时候才刚刚开始。当年徐志摩追求自己的爱情，而张幼仪正在怀孕。徐志摩听说张幼仪怀孕，第一个反应就是把孩子打掉。张幼仪不甘心，说："我听说打胎有死人的哎。"徐志摩说："坐火车也有死人的，那难道就不坐火车了吗？"张幼仪后来独自一人在德国生下孩子，知道徐志摩不会再回心转意，她苦学德文，最后会说一口流利的德语，在德国上了大学，主修幼儿教育。后来张幼仪回到国内，先是在东吴大学教德语，后来出任过上海女子商业银行副总裁。她很会做生意，战争期间囤积军服染料，大赚了一笔。张幼仪把她的人生分为德国前和德国后，去德国之前，她活得心惊肉跳，到了德国之后，她无忧无惧。

人生百态，只要活得够久，就什么事情都能够见到。再说一遍陈词滥调，以及从姥姥和妈妈那里口耳相传的真理——真正的安全感还是要靠自己。

女人能貌美如花多久？

做伸手党不招人嫌能有多久？

指望着男人当长期饭票是幼稚、冒险和不牢靠的，下场可能会很悲惨。

况且，买买买是女人固有的出厂设置。中兴百货有深得众女同胞之心的金句：“三日不购物，便觉面目可憎。”问题是，自己掌控不了荷包，怎能任性地买买买？逛商场只试不买，怎么升华灵魂？

每次在试衣镜面前，都觉得自己美好得要起飞，看看价钱，发现囊中羞涩，算什么英雄好汉？

抑郁的时候收到快递，也很治愈啊！

不吃遍饕餮，怎么笑对生活？

内外兼修，也要出银子的。健身卡、美容卡、购物卡，一样也不能少。不然，怎么打退地心引力的顽固进攻？

在找到正确的穿衣风格之前，谁的衣柜里没有一堆穿之恶心、弃之可惜的衣服？不挥别错的怎能和对的相逢？

话又说回来，我知道很多好男友、好老公是十分乐意为女同胞花钱的，可是他们常常搞不懂妹子们买东西的点。

“只有一张嘴，干吗买那么多口红？”——收不住手啊！

“为什么不用完再买？”——不买对不起这些千差万别的可爱颜色。

“包包已经给你买了好几个，怎么还要换？”——因为包治百病啊！

“一大衣柜衣服，基本上买回去就没穿过，怎么又要买？”——因为觉得去年买的衣服都特别丑，不想穿了。

总是觉得口红少一个色，衣柜里少一件衣服。既然直男不懂女人的世界，最好是少做解释。人生苦短，看上就买！

男人嘛，他要愿意为你花钱你就受着，愿意给你钱你也接着。不过，也要能自己付账，和朋友吃饭也能大气把账结了。搬出刘总攻老公王珂还冒着热气的金句：“自己付钱的女人最美丽！”

真正有魅力的女人，买得起想要的口红，养得起自己的胃。随时保持回到社会的能力，随时保持为自己和家人买买买的能力。遇到什么就应对什么，不惹事，也不怕事。即便是遇人不淑，分别来临，也不哭天喊地、泼妇骂街。手撕前任也好，因为懂得所以慈悲也罢，也都是个人选择，因家制宜。

但是不脱离社会，有自己的事情干，甚至还做得不错的女人，有生存本领，有独立精神，看问题不偏激，不执不求，不贪不苟，是真正好品质，而且值得代代相传。

自己赚的钱，漂漂亮亮地用，正大光明地买心头好。不亏欠，不矫情，不事儿妈，把自己弄得香喷喷的、漂漂亮亮的，骄傲地站在喜欢的人身边，像一棵木棉，不疾不徐，不卑不亢。

不论什么时候，都做一个不胡思乱想、不费力讨好的好女人，做一个在买单的时候不犹豫、不手软的好姑娘。祝好姑娘们前路顺遂，既能赚钱养家，又能貌美如花。

第四章

如何美得久到离谱

自律的女人不会老

有好几年了，我在中央四台的《中华医药》看过一期节目，说是北京中医药大学的一位老专家，七十多岁了，手上一点儿老年斑也没有，脸上的皮肤也甚好，周围人都说她看起来比实际年龄小二十岁。

记者就问她，她保养的诀窍是什么，她说，她从年轻时开始，每天早餐吃三颗大红枣，一碗粥，粥不要喝完，剩一口，再加一小勺三七粉，不要多，一到三克就好。饮毕，就可以开始一天的工作。

按中医理论，红枣益气健脾，三七活血化瘀通脉，难怪看起来那么年轻。红枣的品种不拘，三七以云南文山为上品，别的地方出产的三七可能效果就要打折扣。

电视节目播出之后，我赶紧去给老妈买三七粉。她也说："好好好，我一定吃。"结果她吃了两天，不再吃了。前几天又跟我讲，刚刚去医院花大价钱把手上的老年斑用激光打掉了。

我说："激光多疼啊，而且过几天又会长出来。"

她说："可是比较快嘛。天天吃三七，我可记不住。"

唉！难怪女人的钱那么好赚，现在的广告都说，打一针就能白成纸，晃晃肚皮就能瘦成竹竿，躺着五分钟就美得六亲不认。世间有多少女子都要趋之若鹜啊！

前些日子我回家，路遇一位阿姨。我看她虽然年已半百，但皮肤光滑细腻，白里透红。我向她取经，问："您皮肤这么好，是怎么保养的？"

她说："我没有用什么特别贵的化妆品。坚持每天早上空腹喝一杯蜂蜜柠檬水，已经15年有余。柠檬产地不限，不过进口柠檬稍甜且汁多，每日用半个即可。蜂蜜主要是中和酸性，不过也有美容功效。切记，不可加入滚烫的水，不然琼浆玉液也要被烫得魂飞魄散了。坚持了这么多年，同龄人都长斑了，我到现在还没有长斑，看起来是有点效果。"

听罢，我火速回去买了柠檬。那位阿姨晚上特地登门，送我一把分量十足的手动不锈钢压汁器。

我感谢她的好意，更佩服她的几十年如一日的自律。第二天早上，我一边奋力榨汁，一边虔诚发愿，要为了20年后的美好脸蛋，坚持坚持再坚持！

女人最怕老，当细细的皱纹爬上额头，眼底下挂着两坨大眼袋，黄褐斑像乌云般密布，再高级的粉也不服帖，午时过后便开始掉渣，就好像是放久的画布开片的油画，无时无刻不在提醒着你岁月的流逝。之前照镜子对着镜子说：猴赛雷，到头来要对镜子说：Oh，my God！

人人都会老。懒人老得快一些，勤快人老得慢一些。

姜文在《造梦者》中讲过他的一个经历，他有段时间在国外某酒店的健身房，每天都能看见一个老外飞行员在里面挥汗如雨。老外看起来也是知天命之年，丝毫没有腐败的肚子和松垮的背部。姜文好奇，就上去跟他攀谈，问："你天天在这儿练，不枯燥吗？"

"枯燥啊，但是为了飞行安全，我不饮酒，不吃奶酪，两个礼拜吃一次红肉，每天都到健身房锻炼。"

"值得吗？"

"值得，这使我成为一个自律的人。"

种瓜得瓜，种豆得豆。这个道理天下无人不懂，可是能够始终如一者，几近稀有。

蔡澜说，他佩服一个老太太，年近九十，每天早晨起来，只有脸上擦上一层淡淡的粉，才走出卧室的门。几十年如一日。这个老太太，就是他的母亲。

蔡澜还说，他坚持给老妈买燕窝买了50年，老太太也吃了50年，不仅活到90岁，而且皮肤比儿女们都白皙。

燕窝自古以来就是滋补佳品，深得美女芳心。宋美龄、夏梦等贵妇名媛，都坚持一天一碗燕窝或者两天一碗燕窝。燕窝以颜色微黄的印尼白燕盏为佳，并且要提前一夜泡发。泡发的水最好用纯净水，不要用自来水，以免掺入更多的杂质。泡发之后，拿镊子挑出里面的小羽毛和杂质，煮出来会更加香醇。

因为燕窝是水溶性蛋白质，很珍贵，但是又很容易被破坏，所以燕窝一定要放在炖盅里面隔水慢炖。为了最佳滋养效果，燕窝里面最好放上冰糖，因为和红糖、白糖相比，冰糖最润肺补气。

自内而外地美了，自然就有气质。

每天坚持一个好习惯，以自律来对抗时间和地心引力。

容易吗？当然不容易，不然，满地都是美女了。

生活不能自理的我，给大家添麻烦了

之前在新闻上看到厦门航空的飞机晚点，有一位 12 岁的乘客涉嫌辱骂机长，被果断拒载。消息爆出来之后，大家纷纷把飞机晚点延误取消的旧恨抛到脑后，一边倒地支持厦航机长。据某知名门户网站统计，有 82% 的网友认为机长做得对，有些熊孩子就是欠教育。

我一是稍稍有些安慰，看来大多数人的三观还是很正的；二是心想大家平日里都是多少受了别人家熊孩子的冤枉气，要通过某个事件作为出口，彻底地表达自己的抗议。

刚好在看到这则新闻之前，我碰上了一件类似的事情。

某天，我到某麻辣烫连锁店吃饭。这是一个人口稠密的老小区，既有退休的老干部，又有工薪族小白领，附近不少餐馆、发廊也把员工宿舍安排在这里面，小区里每天都是车水马龙。麻辣烫开在这个小区最显眼的正门口，每天有很多人光顾，不过打包带回家吃的人比较多，所以即便是下班的高峰期，也会有不少座位。

餐厅的左右两排是有方桌的四人位及两人位，中间部位为了节省空间，供更多人就餐，设计的是吧台桌和吧台椅，长长的一排，不过椅子比较高，又没有靠背，坐起来不太舒服。

当有方桌可以坐的时候，吧台椅往往不是大家的优先选择。

我坐在两人位上，前面空了一个四人位，稍后过来了一位女孩，还穿着移动营业厅的工作服。她选好了要吃的东西，就坐下等着自己的餐。

又过了一会儿，店里进来了一家人，年轻的妈妈推着婴儿车，她的母亲（看起来像母亲，并不像婆婆）抱着一个男孩子随后也进来了，男孩子看起来有两岁多的样子。老妇将孩子放下来，孩子已经可以稳稳地走路了，个头和方桌差不多齐平，额头稍微高出一点点。

母女二人环顾了四周，发现没有合适的座位。吧台对于她们的孩子似乎太高，也可能觉得自己的孩子坐吧台椅太危险，又想找个位置坐下，于是她们看上了这个独身一人在等餐的女孩子。

“我们先在这儿坐两分钟，他还小，不能坐高凳子。”年轻的母亲指了指自己的儿子。女孩很单纯无害地点了点头，说话的工夫，老妇已经抱着孙子坐下来了，她把身上挂着的、手里攥着的，都纷纷解放，奶瓶、水壶、扇子、报纸，零零散散铺了一片。

女孩子见状，把自己的东西朝里面又拢了拢。过了一会儿，女孩去把她的饭端过来，正要坐下，年轻的母亲又说：“您能不能换个位置？我的小孩在这儿玩，不愿意走了。”

姑娘背对着我，她的表情我看不到。我想，如果换了我，我要做出那种高贵冷艳的“你小你就有理啦”的表情。

姑娘没吭声，拎着包转身坐上了吧台椅。我默默脑补她满满的怨念穿过后脑勺向我传递，有一个瞬间，我简直想站起来问问这一家人怎么就那么霸道，凭什么你的孩子小大家都要给你让座？如果确实有困难，帮点忙没什么，可是明明小孩子可以站立，累了也可以坐回婴儿车，母女俩不管是站着也好，找个高点的椅子坐着也罢，都不存在任何困难之处。

我吃得很慢，想看看事情最后会怎样。果然，这对母女没有“坐一下”就走，她们点了一瓶汽水，两人带着充满宠溺的眼神看着孩子将汽水一小口一小口地喝掉，最后剩下薄薄一层，年轻的妈妈一饮而尽。

她们站起身来走了，老妇推着车走在最前面，年轻的妈妈去帮忙开门，小孩子也奔跑着跟过去，一不留神，“咣”的一声，额角撞上了桌角，他疼得痛哭起来。母女俩赶忙上前去安慰，孩子的哭声响彻整个餐厅，她们见安慰不住，就把孩子带了出去，安慰了很久。

吧台椅上的女孩一直侧着头看着，直到同那家人都隔着玻璃了，她还是在看。

一个人是否能够将自己的利益和需求置于他人的利益之上？况且是在本身没有任何困难之处的情况下。我看在眼里，心想，如果换作我，一定会挫败她们的愿望的，因为我看不到任何的正当性——她们是打包带走的顾客，不会逗留很久；她们的孩子有婴儿车可以坐，并非无处安顿。

不能否认的是，这样的人在火车上也屡见不鲜，理由经常是“我们是一起的”“我怀孕了，爬不上中铺、上铺”“我带了两个孩子只买了一张票”等等，要求别人为他们提供便利。而且选择周旋的对象也非常有技巧，彪形大汉肯定是惹不起，眼袋比眼睛还大的中年大叔希望也渺茫，于是涉世未深的独身大学生就常常成为被下手的目标，其中以女大学生占多数，这样的“团伙”往往一次就能得手，无往不利。

而多数年轻人基本上很难拒绝这样的要求，谁让自己不是老人、不是孕妇，而且无人相伴呢？于是带着点小幽怨、小不满，问：“您的铺在哪儿？”人家大手一挥，遥指杏花村。

在我为时不长的人生当中，有些带孩子的父母或者是姥姥、奶奶，给我留下了根深蒂固的坏印象。

有一次我坐火车，硬座车厢，一老妇抱着六七岁的小孙子，孙子的脚不停地踢来踢去，踢到我好几次。我忍不住怒气冲冲地说：“你让他把脚放好行吗？”老妇面无表情地将孙子活跃的小腿拢了拢，没有道歉，也没有指责，好像是我的腿碍着了她孙子的健康发育，也好像是我的裤子玷污了他神圣不可侵犯的脚。

还有一次，我在卧铺车厢的中铺，下铺是一位带着小儿子的母亲，还有一个八九岁的女儿跟着。到了快熄灯的时候，这位母亲跟我说："可不可以让我闺女跟你睡一晚上？儿子还小，不能自己睡。"我不清楚为什么三个人上车只有一张票，那时我也刚上大学，总觉得拒绝别人会受到良心的审判，于是就稀里糊涂地跟一个小姑娘挤在一张铺上。

本以为挤点就挤点，反正我也是个瘦子，结果没想到小姑娘晚上睡觉那叫一个闹腾，细胳膊细腿的，乱蹬一气，于是我一晚上都处于近乎清醒状态。第二天早上，妈妈醒了，小姑娘下去了，我没听见一句谢谢。

我们总是会碰到这样的言论：

"我的孩子还小，所以就算他大声嚷嚷，你们也要让着他，不要生他的气，因为他在密闭的空间里感觉不舒服。"

"我的孩子还小，所以地铁里一身疲累的大人要让着他，即便是他一个人横七竖八地占了四五个座位，把公共座位当成滑梯滑，你们也不要跟他计较。"

"我的孩子还小，所以他的脚把你的白裤子弄脏了，你不要生气，他还是个孩子，还没有学会说抱歉。"

"我的孩子还小，所以家宴上所有人都没有动筷子，他一个人吃这吃那，吃得津津有味，你们也别放在心上，因为他长身体比较重要。"

"我的孩子还小，现在还不懂事，以后慢慢就好了。"

“等他长大就好了。”

这些堂而皇之的理由不仅道德绑架了很多成年人，也坑害了不少孩子的成长。

保护自己的孩子不受伤害，是许多父母、爷爷奶奶内心深处最根本的愿望。这是父母之爱的伟大之处，也是弱点所在。于是总会借口说，长大点就好了，长大就学会尊重和体谅了。其实这是大错特错，错的只会更错，而不会基因突变成正确。

有些家长总是会说，他还小，别跟他计较——这不仅会给孩子逃避责任的印象，还会让他形成以自我为中心，别人都应该给他让路、为他付出、取悦他的错觉。而他在童年所缺失的学分，会在长大后用吃的亏、受的罪来偿还。

这个世界上需要帮助的人很多，年幼的孩子、走失的孩子、衣食无着的孩子、残疾人、精神病人、受迫害的妇女、垂死的老人等，该帮助的时候就伸出援手，这是社会温暖；不该帮助的时候帮助，就是蛮横、懒惰、欺骗和狡诈的帮凶。

如果你想要一个品行良好的孩子，就让他去面对挫折，这不代表你不爱他，而是爱的一个更好的表达方式。

不知从什么时候开始，各类公共场所都有为弱者提供便利的标志，大喇叭里也不厌其烦地洗脑，于是出门在外照顾弱者早就成为许多人心目中根深蒂固的道德规范。虽然此举使我们的社会充满了人情味，可是不少人以此作为对于别人进行道德索取的跷跷板。加之我们这个注重一团和气的社会氛围里，很多人都不习惯拒绝别人，明明心底不乐意，还是要做一个纠结的和平者。对于这样的善良，值得我们称赞，却并不值得尊敬。

前几年我刚到欧洲的时候，看到公交车上颤颤巍巍的老年人，给人家让座，人家很诧异，那种眼神绝不是遇到洋雷锋、耶和华的眼神，而是“活久见”的眼神。在德国坐高铁，上车自己找位子坐，如果出行不方便，想坐在一起或者单纯地喜欢靠窗的座位，自己上网提前预约就好了。如果要换座，想必会被别人骂回去的。

而我们的问题在于，常常不分清规则是什么，就跑来说，谁有权利获得什么。

国庆节，我坐高铁去一个地方。我的座位是某二等座车厢三个乘客中间的位置。列车开动了，周围有人开始调整座位。我旁边靠近过道的位置，坐着一个女孩，她的隔壁是同行的男友。

本来我没怎么注意他们，因为我安顿好东西，就翻开了一本杂志。直到我感觉一阵异样的气流，耳边响起了相当客气的男中音：“请问你们是一起的吗？”他指指我隔壁的年轻男生——其实该男生已经是别的车厢调过来的。

“不是。”我把杂志合上，估计来者不善。

“可不可以跟你换一下座位？我想和我的女朋友坐在一起。”

“我不想换座位。”我说。

“我那个座位很好的，靠着过道，空间还要大呢。”

“我不想换座位。”我强调。于是，男孩子铩羽而归。

虽然我说了“不”，但在我的想象中，他们一定是无话不谈的情侣，就像八年未见的何书桓和陆依萍一样，倒豆子一般互诉衷肠。没想到，整个旅途，直到我下车的时候，男生在打游戏，女生在闭目养神，两人全程零交流。

中国古人把麻烦别人称作是不情之请，因为他们知道，用自己实在不能解决的问题去麻烦别人，应该感到抱歉。可是现在总是有很多人，把麻烦别人看作是理所当然，更有甚者，事先不做好出行准备，不自己解决问题，打定主意把问题抛给别人，而且专挑软柿子捏，指望别人做出让步，然后收割好意，极其自私，无异于勒索。

更可悲的是，社会对于拒绝者比索取者更加苛刻。电影《搜索》里的叶蓝秋，就是社会舆论对于个人正当权利进行挤压而酿成的悲剧。

既然被人自私地对待不能避免，那么我想我们现在需要强调的，不是某一人或者某个群体，对于另外一个人或者群体的仁慈，而是对于公正的意识和保护。而从社会的进步角度来讲，公正的重要性远比仁慈重要得多。

我并不是说助人为乐不好，也绝对不是说要在人与人的交往中泯灭赤子之心。

我只是提醒大家，我们对于帮助别人这个美德已经掌握得足够扎实，是时候关注一下公正这个被长期忽视的角落。我们一直将仁慈奉为最重要的美德，其实从社会的发展来讲，公正才是。正如亚当·斯密所说的：“对于社会生存而言，正义比仁慈更根本。社会少了仁慈虽然让人心情不舒畅，但它照样可以存在下去。然而，要是一个社会不公行为横行，那它注定要走向毁灭。”

当一部分人决意放弃自私，而另一部分人开始捍卫权利的时候，这个世界是会更好的。

世界那么美妙，你为何如此暴躁

我的朋友圈里有一位奇男子。

他每天晨起都要发若干条自己的语录体，内容涉及他对于时政、商业、情感等问题的思考；他也喜欢每天早上“手撕”若干位网红作家，以微信爆文作者首当其冲。他通常不追求心平气和地说话，总是觉得自己要充当真理的终结者的角色；此人时常在行文当中夹一些相当粗鄙的话，以强调他的愤怒和不屑。如果他觉得名言警句式的三言两语还不足以表达他对于世界本真的思考，他往往会撰写长文来进一步阐明他的观点。

他的追随者甚众。

前几日，我有幸一大早就被他“手撕”，还有劳这位大人发到朋友圈里示众。我忐忑地带着求教态度拜读了他的宏论，发现他不仅根本没有明白我在说什么，而且还带有强烈的人身攻击字眼。

如果再早几年，如果谈话和意见也可以成为一个战场，我一定会和他兵戎相见。现在的我感到纳闷，豆花甜或者豆花咸，我以为没有谁比谁更对。只是对于一部分人来说，豆花甜比豆花咸更值得注意一些。

1分钟之后，我的决定是，把他从我的好友中删除，自己匿群。五分钟之后，我平静下来，不再感到愤怒了。

马克·吐温是出了名的暴脾气，他曾经说“国会议员都是狗娘养的”，让议员大人们大为光火。他生气后的典型表现之一就是，立刻给令他生气的人写一封措辞严厉的信，但他不会马上寄出，而是随手放在壁炉架上。如果3天之后仍然觉得很生气，才会将信投递出去。不过一般情况下，3天后，他余怒已消。

当你感到愤怒时，请给自己一个平静的时间，会让你做出更加理性的决定。很多时候，我们之所以感到暴躁，就是因为我们感到自己的尊严或者是情感被冒犯。如果你因此而暴躁，那么就满足了冒犯的使命；如果你抵制了这种冒犯感，暴躁自然就没有了。

口若悬河的人未必胸中有物，因为他们嘚瑟的是机灵，而不是智慧。

前些年，台湾大学医学院毕业的侯文咏博士主持了一档广播节目，名叫《台北之音》，有一次，他们请到马英九来电台做节目。为了节目的效果，侯文咏特地准备了一个刁钻的问题：“我不明白，为什么有人想学法律？律师一辈子面临的不是犯罪，就是纠纷。一天到晚在法院帮人吵架，心情一定好不到哪儿去。”他特意提到法律，因为马英九是哈佛大学法学院 1981 级的博士毕业生。

马英九沉默了一下，说："我也想不通，为什么有人会学医？一辈子面对的不是死亡就是病痛。一天到晚听病人呻吟和哀号，心情一定更不好。"

"马先生听到的是病人的呻吟和哀号，可是我看到的是可以把病人从病痛、死亡中恢复的机会。"

"侯先生看到的是犯罪和纠纷，可是我看到的是帮助弱者和伸张正义的机会。"

侯文咏顿了几秒，说："那我们都应该看到事情光明的一面。"两人都彼此会心一笑，这个话题就过去了。后来侯文咏评价马英九是"高手"——他思维敏捷，温文尔雅。他不仅是一个好的辩论者，他还是一个尊重对方的聆听者。

就在前几天，有位读者不同意我的观点，他问我："我就是一个一无所有的老实人，我也急于改变现状。可是你写这篇文章的价值是什么？你说的就是真理吗？难道一无所有的老实人都是人渣吗？你难道不是在指导那些金枝玉叶去小心这些老实人吗？"

我看到了，回复说："首先，我没有宣扬我说的是真理；其次，1000 只白天鹅里总有 1 只黑天鹅；最后，我不反对老实，如果您仔细阅读了的话。我只是反对裹着羊的外皮把他人当作自己向上的踏板而不是用心对待的人。"

他又说："主要还是999只白天鹅不是吗？你们的文字和推出的文章不是更应该适用于999只白天鹅吗？"

我解释道："并不是说因为有999只白天鹅，黑天鹅的问题就不值得探讨。休谟终其一生都在寻找那只黑天鹅。"

他又说："从人性的角度讲，那1只黑天鹅的行为应该是人与生俱来的劣根性……"

我说："不是，黑天鹅代表不可知的偶然性，和对于不可动摇信念的动摇。"

他一下子放松下来，并敲出下面这一番深沉的话。他写得很好，我全文抄录于此："是我钻牛角尖了。最后，愿所有一无所有的老实人，都有一颗骄傲的心，有所坚持，有所不屑；愿所有的女子都能慧眼识珠，从善而终；愿天下有情人终成眷属。世风浮躁，急功近利，人生已经很艰难了，有些谎言，就不用去拆穿了。谢谢！"

"不客气，我也在和您的对话中成长。谢谢，晚安。"

我很欣慰能有这样的对话。

我遇到过数次这样的情况，他们觉得我的观点偏激、言语失当，跑过来义愤填膺地控诉，当我看到了并想给愤怒的他们解释时，他们已经不是我的关注者了。

我想，争论不是谁声音大谁就赢，也不是一定要谁赢过谁，不是泼妇骂街，而是要寻找智慧。这个对话中，有一个正方，有一个反方，最后的结论是一个合，合代表着双方对于这个问题更加深入的认识，而这才是辩论的目的。

不是我向谁宣战，也不是为了显示我的知识，而是为了增长智慧，不被外界蒙蔽双眼。

我们生下来都是无知的，因此要不断地学习，把学习的成果，转化成美丽的内修果实。

而暴躁除了显示自身的自负大于自信，脾气大于本事，自视甚高又身无长物之外，别无他用。

衣服对了，你就赢了

姥姥把退休金交给亲戚去存高息贷款，存款期限为一年。之前还照常往卡里打利息，然后就被告知借款方跑路，钱可能要不回来了。

老人家心急如焚，但是还是不愿意跟亲戚撕破脸。我打听了一下，他们家干的缺德事儿子也知情，老人觉得两家是亲戚，他们不会为难亲戚的，于是我决定约他出来聊聊。

他在一家事业单位上班，我们约在他单位旁边的商场。去之前，我已经想好了，虽然我们是从小一起长大的发小，虽然我亲眼见过他奶声奶气地找我姥姥给他掏耳朵，但是给一份无效合同让老人去存高息实在是属于“长大”了。

我打算直截了当地告诉他——如果再不还钱，我就去他单位闹事，赖在领导办公室门前不走，闹呗，哭呗！反正我光脚的不怕穿鞋的。我就说，看看你们培养出来的好同志，蓄意骗亲戚的钱，缺德不缺德？

去之前，我还专门和律师朋友咨询了一下。除了专业知识以外，他还特意叮嘱我：“问人要账这事儿，要表现出强势，不仅对付的词要心里有数，衣服也不能太随意。最好穿正式点，鞋跟也不要太矮。总之，不要带学生样，带着学生样去要账，准完蛋。”

我不以为然地说：“正式的衣服穿起来别别扭扭的，高跟鞋走路又一崴一崴的。还是休闲服、平底鞋自在。”

之后，我到达约定地点，只见他一身职业装，我立马觉得自己T恤、球鞋、小挎包弱爆了，不像是来示威，反倒像是来求人的；他开口说话，满满的斯文败类：“我们家的钱也在里面呢！我妈天天以泪洗面。不过我安慰她了，我说都是亲戚，不会太为难我们的。”

我要抬起下巴才能同他争辩，可是我想努力把自己的气场拔上去的时候，居然忘词儿了——律师朋友事先给我补习的那一套谈判术语，我全忘了。

我真是应该穿高跟鞋，如果目光上能够平视，我会自信很多。

总之，我们交手了几个来回，我铩羽而归。之前谋划的打一场硬仗，也只能永远留在我的想象里。我想，在他看来，我一定还是一脸幼稚相，软弱可欺，没有任何存在感。

所以我输了。连火都没发出来，会谈就愉快地结束了，这种感觉真是差极了。

人的一生要扮演很多种角色，每个人在日常生活中也会有很多面孔。就像收音机一样，频率对上，才能听到对的声音。在学校单纯积极，在家里温暖松弛，在社会诚恳独立，如果都用一种面孔去应对所有的角色，那很难做到从容应对，也很可能就像之前的我一样，被轻松打败。

在《来自星星的你》里，千颂伊有段时间星途黯淡，但是她到公司签合同时，穿的是一身黑衣，脚踩超高的高跟鞋，还拿黑超遮面，给镜头的时候是从下到上拍的。要穿得霸气，才好谈事情。

气场不够，衣服来凑。

台湾美学教授蒋勋曾说："20 世纪 20 年代，法国开始出现第一代女性主管。服装设计师香奈儿就运用男士衣服的元素开始设计女性主管的服装，目的就是为了让女主管出现时有说服力。"

在外人看来，你穿什么，就是在传达什么。穿个运动衣、球鞋去谈事情，对方肯定觉得公司怎么派了个稚气未脱的小孩儿来；穿着正装去，成熟干练，还有进一步聊聊的可能，对方也觉得受到尊重。

在现代社会，衣服已经不仅是衣服，不只是为了御寒，不只是为了彰显美丽，衣服代表着你愿意展现给外人的印象。

我上大学时，台大有位日本教授到我们学校参加研讨会，他是所有的人当中穿得最正式的，麻灰色的西装配浅色衬衣，扣子全都扣上，领带打得一丝不苟。

那天来了很多教授，但是他留给我很深的印象，不是因为他是日本人，我也不确定他的色彩和明暗花纹搭配是否规范，只是因为他穿衣服的严谨，让我感受到他对于知识和学问的敬重。私下里再见他，他也是休闲装扮，交流起来，和蔼可亲。

分场合穿衣服是一种能力。我同意，心态可以永远是 17 岁，但是，要想在事业上和社会上更顺遂，穿衣服要动脑了、讲搭配。

英国前首相撒切尔夫人在竞选首相之前，为了向选民显示她拥有领导全英国的力量，特意把自己生来又尖又细的小嗓训练得低沉浑厚；她开始选择穿剪裁笔挺的商务正装，往往以套裙为主，不仅形成了她独特的个人风格，而且气势十足。撒切尔夫人深知自己在男人为主的政界当中不能有一点点缺乏自信的表现，于是她不放弃任何使自己看起来更强大、更可靠、更能够和男人平起平坐的机会。

撒切尔夫人 83 岁的时候，她的女儿对媒体调侃说："打开母亲的衣柜，从来没有休闲装，只有职业装，因为她从来没有闲过。"

一生钟爱蓝色套裙的撒切尔夫人曾经说："我穿衣服给谁看？根据不同的场合和工作性质更换不同的衣服，这很重要。"

因此，想要把一件事情做到最好的效果，就要在恰当的时间及时调频。衣服对上场合，就像是角色对上了频率。

频率对了，你就赢了。

我为什么愿意和一位马路杀手和解

搭朋友的车，路遇一个老人过马路。他刚走到马路中间，信号灯就由红转绿。

直行并排有三条车道，变灯时，老人刚好走到中间，于是，他走也不是退也不是。友人停住了车，但左右两边的车呼啸而过。

他停车等老人走过去，其实他本也可以像两边的车一样，稍微转个方向，从老人左右两边穿过的。

我坐在车里，看着老人颤颤巍巍的侧面，说："干吗要闯红灯，这样多危险。而且又走不快。"

他说："我们坐在车里感觉不到外面有多冷，外面的人多等一秒都冻得够呛，所以但凡有希望过去，他们都希望赶紧走。咱们就让他一下吧。"

我瞬间觉得自己的境界弱爆了。

现在叫餐软件越来越方便，大街上、公司边、小区里送餐的电动小摩托也越来越多。

他们经常骑着电车在非机动车道上见缝插针地穿梭，即便是你走路没挡道，他们也会大老远地就“嘀嘀嘀”让你走开，不要影响他们风驰电掣。

好几次，我都被他们这种人挡杀人、佛挡杀佛的气势气得不能行——你横什么横，马路是你家开的？

还有一次，我在路边等灯，有辆送餐的机动摩托从我身边擦着过去，险些把我撞翻。

“你看着点路啊！”我愤愤地冲他大喊。

他带着又厚又笨重的头盔，脑壳对着我。零下好几摄氏度的天，天上刮着寒风，地上结着冰。他一路逆行，超速，闯着红灯绝尘而去。我生气，但是毫无办法。

北京昨天下了点小雪，天冷不想出门，我便叫了份外卖，地址显示送餐地点离我有大约五公里的距离。付钱的时候，系统说 40 分钟就能送达，可是我足足等了一个小时才送到。

送餐员是位挺年轻的小伙儿，手上有一块一块的冻疮，外卖送到我手里的时候还热乎着。

我签收之后正准备走，他说：“您的订单享受超时赔付，过会儿公司会退还一半的钱到您的账上，请注意查收。”

“那你收到的钱会减半吗？”

“不会，钱是公司出的，我们没有影响。但是如果您等不及给

400 拨电话催餐的话，我们就会受到处分了，因为公司会默认为顾客对我们送餐时间不满意。”

“哦，我没打。”

“如果您满意我的服务，有时间的话麻烦给我五星好评。”

我点点头，表示一定会。

之前没有细想过为什么外卖员一个个都像马路杀手，不尊重别人正常行驶的权利，也丝毫不看重自己的生命。昨天遇到那位外卖小哥之后我突然有点懂了，他们并非将自己的安全视如草芥，他们对于遵守交规就能最大限度保证他们的人身安全也应该心知肚明，但是现在送餐公司拼的就是时间和效率，所以他们只有提着脑袋往前冲。

上次打车，出租车司机还跟送外卖的较劲，左歪右拐地挤他，说小摩托不懂规矩。

其实让他一下又何妨？毕竟有个营生不容易。

反省自己坐在温度适宜的办公室里，外面是呵气成冰的天气，送餐员送得慢也不高兴，送餐员路痴找不到方向也不满意，就有点太小气了。

99% 的较劲都没有必要，想透了都可以付之一笑。

在这个被形容为坏透了的世界，大部分人都在耳提面命地教导我们说，这个地方充斥着野心和粗鲁，而自保的最好方式莫过于和别人撕扯、争论和冷漠以对。这一路狂奔的时代，对于陌生人的体谅和善意，总显得有那么一点点奢侈。

尽管我自己做得很不好，但是我希望和大家共勉——每个人都可以适当走出自己的小我，去感受一下别人的喜怒哀乐，不说给予帮助，起码可以做到提供方便。

《狂爱圣彼得堡》的女主角说：“想象自己是一块方糖，放在咖啡里，咖啡就不苦了；放在茶里，茶也甜了。自己够甜，融在世界中，才能让世界变甜。”

愿我们每个人都潜心修炼体谅大法，理解别人的处境，包容彼此的分歧。如果你觉得他也不容易，那就行个方便；如果你感到被冒犯，也许他正有进行当中的坚持。

对世界要存有善意。这不仅让你心情阳光，保持仪态，保不齐还能让善意的种子随之落地开花，温暖更多的人。

何乐而不为呢？

基本不发朋友圈的人都在做些什么

我有位面白肤嫩，外号贵妃的同学，我认识她第一天起，她就是典型的小太阳加话痨，而且特别爱自拍。

那时候，朋友圈刚刚兴起，玩的人还不太多，她已经开始每天在里面晒自拍。要说她的自拍，那是现在最被嫌弃的一种，因为她吃饭发，早上化妆发，晚上卸妆发，公交车坐过站发，冻得在风中凌乱也发，而且她的自拍表情也不多，基本上都是戴个大美瞳，瞪着眼睛侧脸30度的样子。

自拍发出去还没完，经常小窗我们几个闺密，要我们给她点赞，还要在底下留言，营造出一种好评如潮的景象。

不知道从什么时候开始，她发朋友圈的数量急转直下。习惯于被她刷屏的我很不习惯，问她为什么，她说，因为朋友圈里到处都是眼线啊。

贵妃举了以下几个例子：

有心事烦得睡不着，贵妃凌晨3点在自己的朋友圈里转发一条伤心情歌。

于是早上上课就有人问她："听说你失恋了？"

贵妃在朋友圈里发一条吐槽期末考试的段子，被母上大人抓包，晚上便接到大人的电话，被活活虐了半个小时，主题围绕着她不思进取和铺张浪费，还说后悔把她从垃圾桶里捡出来，早知道这么不乖就该扔了算了。不过过了几天，又收到母上大人的电话，说给她买了红心柚，准备邮寄出去了。想必是她在朋友圈里心血来潮，说，想吃红心柚，也已经被看到了。

贵妃翘班提前回家，摆拍一张45度角仰望天空的迷幻自拍照，点击发送，没想到被领导秒回，说："怎么这么早就下班？"

吓得她整个人都清醒了，提溜着脑袋，蹑手蹑脚溜回工位。下班时在电梯里遇到领导，有一种莫可名状的尴尬感涌上心头。第二天被领导叫去点拨说："年轻人，心思要放在工作上……"那话里有话的小冷箭放得嗖嗖的。

贵妃报了一个旅游团去欧洲旅行，按捺不住小兴奋，在朋友圈里刷屏发行程。没想到炸出了不少平时压根儿不联系的朋友。

关键是连寒暄都没有，上来就给你一句："在吗？代购。"

贵妃连说话的人是谁都不知道。

她这人也是实诚，真的把这些要代购的东西都一一答应下来了。因为考虑到要随时联系，她还特意在国内办了一张包含流量的电话卡，到欧洲的药妆店和奥特莱斯就狂拍照片，被店员驱赶不说，代购的主还不领情——要么说：“我再想想吧。”要么是：“还有更便宜的吗？”

她表示自己的小心脏受到 +10086 点伤害。

贵妃有机会在某杂志社当实习记者，跟摄像老师出去跟拍，看不惯老师收红包的行为。她虽然没有蠢到发朋友圈昭告天下，但是没憋住，跑到另外的实习记者状态底下留言，义愤填膺、指名道姓地吐槽一大堆。

她没想到这位实习记者和摄像老师是好友……所以口无遮拦的结果就是她在报社的前景遭受了极大的幻灭，虽然没有被请退，但是打入冷宫的感觉和请退也差不多了。

所以说，鉴于爸爸妈妈、爷爷奶奶、表叔表姨、同事上司、客户同学，密集地分布在这个圈子，像是贵妃那么神经大条的女生，也终于感受到人言可畏，学会噤若寒蝉了。

随着越来越多的人加入朋友圈，朋友圈已经不再是自己的了，别说什么风言风语，就是疯言疯语，最好也要有所保留。

对于贵妃的转变，刚开始我觉得整个世界都清静了，不久之后，便变得无比遗憾。因为作为她的多年好友，我还挺喜欢看她无营养的自拍、不加考虑的晒图和神经兮兮的小心情的。

贵妃的状态越发越少，发出来的东西也都是清一色的“伟光正”，伴随着她在朋友圈里面存在感的降低，我们的联系也日渐稀薄。若不是亲自询问，我连她在忙什么，都已经茫然无知了。

这是一个见面不问“吃了吗”，改问“你加我微信了吗”的时代。在这个时代，有些话，不说，难受。

比如：明天又要上班了，好痛苦啊！

比如：又要做毕业设计，又要帮老师报销，好烦啊！

比如：真想把那个客户当一个屁放掉啊。

但是这些话，说了更难受。所以，还是别说了。

所以现在要发朋友圈，先要做一大堆的排查工作，先屏蔽掉家人、同事和学生乃至幼儿园班主任，然后再检查一遍有没有把谁落下。但是坊间疯传屏蔽了还是能够看到，还有的手残会一不小心设置为只有领导可见，然后点击发送之类的……

屏蔽有风险，发文须谨慎。若不愿露馅，二者皆可抛。

我自己就深有体会，之前看了一篇某著名学者写的文章，写得很好，本想发朋友圈的，突然脑子里一个激灵，最近一起合作的老师跟我聊起过，她和这位同行正在打官司……所以，为了自己的前途和饭碗，我机智地决定还是罢了。

而且朋友圈的共同好友能够看到和点赞绝对是一个神奇的功能，神奇程度能赶上当年的滴血认亲，尤其是当我发现，我妈托我家小区的物业管家给我妹介绍的对象和她的前男友在她同一条状态底下点赞的时候，我都替她感到心惊肉跳。

在朋友圈里，每个人都成为自己的特工，每个人每天都在被侦查和反侦查。

在这个圈子里，我们自己是什么不重要，别人认为我们是什么样的才重要。

贵妃被公司派出国开会，住在西雅图的五星级酒店，晒出倚靠在窗边的侧影，人家以为贵妃的生活充满了小资，其实酒店是公司订的，两个人住一间，而且马上就要拎着重重的手提包去赶地铁，因为计程车费不给报销。繁华是老板的，尔等只有这一张照片和各怀心事的一排点赞。

朋友报了一个廉价旅行团去日本，坐着红眼航班，吃着廉价团餐，被导游车带到购物点还被骗，住双人间遇到浅睡眠都会鼾声震天的大婶。她压缩上厕所和购物时间，摆了 N 个角度，终于拍出一张在东京塔上俯瞰东京的照片，看起来何其美好。

过年的时候，家庭大聚会，姥爷的八个弟弟妹妹带着自己的儿子儿媳、女儿女婿、孙子孙女、金毛松狮从全国各地来赴宴，家里闹哄哄的，围了几十口人，走马灯地寒暄之后，光是发红包该发给谁不该发给谁，就吵得几家人站起来拍桌子。临走之前，好生侥幸地拉着大家拍了一张大多数人都咧着嘴笑的全家福，算是闹闹哄哄，大获成功。我妈把全家福传上朋友圈，最让她老人家高兴的就是底下评论说："哎哟，你们家看起来真美满，积善之家，必有余庆！"

发出去之后，集到几个赞，就满足得不得了。

发朋友圈很浪费时间的，就像你在屋里看见一只蟑螂，马上要联想到里屋潜藏着两万只蟑螂一样，一张看起来宛若天成的自拍背后，可能会有一百多张看起来都差不多的自拍静静地躺在相册里。从拍摄、遴选到写文字、发送，一个多小时过去了。我们做的每一件事情都有时间成本，这就意味着取舍，你在一个地方花的时间多了，在另一个地方花的时间必然就少。

家母李女士发朋友圈就很有代表性，她转发一篇文章，会配上几句云淡风轻的话，其实这短短100字都是字斟句酌过的，句句深思熟虑，字字都要琢磨至珠玑才发出来，所以她发一条朋友圈，两集电视剧的时间过去了。有时候她懒得修饰，直接在微信上甩给我一段话，让我把毛坯房弄成精装修，她再看一遍，审核通过之后，才能发送出去。

看着她这么纠结，从来不爱发朋友圈的我窃喜，这样看来我节约出的时间可以绕着地球好几圈了。

爱发朋友圈的还有一种人，就是生意人。我朋友圈里面有一些所谓的成功人士，他们挣很多钱，也很有名气，朋友圈天天发个不停，见了什么人，做了什么事，公司又有什么新成就。对于他们来说，他们在朋友圈从不追求虚无缥缈的意义，他们把朋友圈当作资源的一部分，好友在他们眼里叫作“用户”，微信在他们眼里叫作“管道”，整个朋友圈对他们来说叫作“场景”。他们每一个状态，都是为了低头造势，营造出某种风声，为了合纵连横，取得更大的利润。

还有，就是微商。在微信支付只有加好友才能转账的时代，结账的时候问能不能微信支付，答应得最爽快的十有八九都是微商，因为他们很乐意自己的好友名单里面又多出一些人，哪怕是一个人也好。因为好友对于他们来说不是好友，而是流量、是营销。他们频繁地刷屏也并非自己愿意，主要是因为公司告诉他们，必须早中晚发多少东西，才能够“保持用户黏性”。

其实到头来，我们想要在朋友圈里面获得的，还是认可。

集赞、评论、回复，都是我们渴望获得认可的投射。当我们越想获得这些东西，就越容易被这些东西控制，甚至能够左右我们的喜怒哀乐，所以不被点赞和评论的照片总会让人觉得心里毛毛的——是不好笑还是不好看?

我就是一个特别不爱发朋友圈的人。

我自从有朋友圈起，两年多的时间，总共发了八条：两个关于旅游的，一个读书的，剩下的分享了一些文章。以至于有一天我妈很幽怨地问我是不是把她屏蔽了？怎么看不到我的状态了?

当然看不到了，因为我什么也没写啊。

很少发朋友圈，也没有像有些文章里写的，不发朋友圈的人都做了大事，走上了人生巅峰，我还是我，平凡，无常，有家人、朋友，有属于自己的小确幸；我很少发朋友圈，但不代表我不生活、不旅行、没有喜怒哀乐，我哭泣、难过、开心、发神经、去旅游、相册里照片很多，这些统统都没有传上朋友圈。我已经过了那个不发朋友圈就是白哭、白出国、白约会的年纪。我再喋喋不休，也不能改变这个世界上真正关心我在干吗的人屈指可数的事实，几个赞就能说明情义千金吗？

因为手指头太懒，因为没有真正的感同身受，因为想说话的人就在身边。

为了保持朋友圈的纯洁性，我也尽量不加不相干的人，不让不相干的人乱入我的生活。因为不奢望别人能懂我，所以习惯自己挖掘自己生活的乐趣，与他人无关。

鲁迅说：“世上本无路，走的人多了，就变成了路。”朋友本无圈，抒发的人太多了，围起来也就成了一个圈，只不过这圈越围越厚，外面的挤进去，里面的出不来。

其实想开了，不关心你的，就是哭着自拍也没人理；担心你的，失联到天涯海角，都能把你找着。所以天天发朋友圈的同学把大家发得都钝感了，反倒是我这个一年发两条的人，但凡发一条朋友圈，底下的评论都热闹极了。

那感觉真是极好的。

如何美得久到离谱

我在瑞士留学的时候，有一天自己去逛超市，突然被一位老太太叫住了：

“请问你是日本人吗？”

“不是，我是中国人。”

“我看你们的皮肤都很好，但是我皮肤很差，有皱纹，毛孔粗大。”

我盯着她的脸看，确实是她说的这样，可是她的岁数放在这儿，让我说什么好？她接着问：“你平时是怎么做的，皮肤这么好？”

我脑子里飞快地转过几个答案：爹妈生得好？瑞士没雾霾？昨天晚上的面膜起作用了？还是我这皮肤不咋的啊，中国妹子比我水灵的多了去了？

不过，显然复杂的交流会让老太太更困惑，我瞄见货架上刚好摆了一排豆浆，于是脱口而出：“因为我每天喝豆浆！”

老太太一下子眼睛放光：“这些？”

我狂点头，她买了两大瓶，心满意足地继续转悠去了。

在超市里，被人猛地拉住问：“你皮肤怎么这么好的？”感觉实在是好极了，而且还是在未施粉黛的情况下。

回到宿舍再一琢磨，张爱玲说了：“你还年轻吗？没关系，很快就老了。”

好吧，还是去敷个面膜吧。

但凡是个女人，都对自己的容貌很关注，虽然胶原蛋白终将逝去，可是我们所做的所有努力都不仅是为了好看过，并且为了好看着，而且要好看得久一点，再久一点，最好是久到离谱。

一、口腔卫生

有些女孩子看上去很美，但一开口便让人退避三舍，实在是令人扼腕。

为了保护牙齿，同时也避免一开始累及无辜，做好口腔清洁是很重要的。最起码每天刷两次牙，力道不可太重，太重会损伤牙根和牙龈，严重的话会造成牙根吸收，整个牙都废掉了；太轻或者时间太短，根本起不到作用。

以我牙科医生老妈的身份保证，刷牙要竖着刷，不要横着刷。喜欢横着刷牙的宝宝们，牙根处应该会有一道一道的横纹，同时出现这些横纹表示，你的刷牙习惯要改一改了。

刷过牙之后，最好用牙线或者牙线棒把牙缝再处理一遍，会让牙齿更加干净，不容易龋齿。

舌头也是口腔的一部分，现在市场上已经有专门清理舌苔的产品，清理舌苔特别有助于口气清新。

还有一种强健和美白牙齿的方法，就是油拔（Oil Pulling）。油拔是来自印度的一种牙齿保健方法，做法是早上空腹，没有刷牙之前，含一口冷榨椰子油在嘴里，来回漱口 15 ~ 20 分钟，然后吐掉，就可以正常刷牙了。

椰子油在低温条件下会凝结成固体，舀一勺放在嘴里含化，或者隔水把椰子油加热至融化再用也可以。

坚持每天早上油拔，可使牙齿变白，而且特别有利于清新口气。

二、皮肤护理

据说法国女人的母亲不会给年纪渐长的女儿言传身教，而是会在宿醉、抽烟或者过度化妆的脸面前放一面放大镜，让她自己看看那些恶习在自己身上留下的副作用，以教育她保持节制和自律是多么重要。

不管是金枝玉叶还是小家碧玉，对于皮肤的重视都是大家的心头之好。

我大清国慈禧老佛爷的皮肤护理那叫一个讲究，每天上早朝之前，起床之后，太监首先把从羊汤里面提取出来的羊脂送到慈禧的梳妆台前。她会轻轻用手指挑一点，放在掌心，让它们微微融化，之后涂抹整个面部。她的手也要用羊脂滋润，这个工作由旁边负责侍奉的女官代为完成。

动作不是擦，而是轻轻拍打，直到完全吸收。拍打吸收的时间很漫长，不过效果看起来很好。据慈禧的贴身女官德龄回忆，慈禧的手一直到七十多岁都没有斑点，而且特别细滑。

然后，她会用一根镶着金柄的小玉棍在脸上来回滚动，有皱纹的地方要特别加以照顾，有通行经络的功效。

每天用完晚膳之后，太后要用鸡蛋清涂抹全脸。

慈禧会在睡前洗掉鸡蛋清膜，然后涂上太监送来的金银花蒸馏液。这是用金银花瓣加入水和酒精，用文火蒸馏而成的，对皮肤收敛的效果不错，慈禧每天晚上都会使用。

所以说，护肤向来是个烧钱的力气活，不过既然烧了钱，持之以恒也很重要，否则便成了既花了钱，又没有意义。

因为我生活在北方，且是干性皮肤，所以我比较重视保湿和补水。

补水的话，首先就是面膜了。我用过很多面膜，欧美系的不太适合亚洲人，韩国的面膜金玉其外，败絮其中，日本面膜算是成分可靠，不过总觉得差那么一点火候。

经过多年烧钱、烧脑、烧时间的很痛的领悟之后，我坚定地投入了纯露的怀抱。一周做 3 ~ 4 次三明治面膜，也就是，一层凝胶加一层纯露面膜，再加一层凝胶，15 分钟之后洗掉。亲测有效。

买护肤品和买衣服一样，都有一个试错的过程。虽然每天网红们给我们各种安利，但是唯有试过之后才能保持清醒头脑。

其一，不可迷信大牌。我曾经有段时间对 DIY 护肤品感兴趣，便自己买了各种瓶瓶罐罐，自制面霜和凝胶，发现大学时化学系老师说得果然不错，再大牌的面霜，成本也不会超过 30 元，单价那么贵，主要花在请明星代言和广告费上了。

其二，也不可买太便宜的，低于成本的东西，往脸上抹的时候，不害怕吗？

三、人靠衣装

年轻的时候，我们只知道买买买，年长一点，要学会断舍离。

断舍离是一种把生活简单化并且高效化的生活哲学。如果在别的地方困难，学习断舍离不如先从衣柜开始。

很多时候，我们已经意识到自己的衣服太多，但是，总是不能够下决心把它们丢掉。为什么？其中原因之一是因为衣服承载了不少关于我们过往的回忆。

我有一个表姐，自己住的房子一室一厅，但是有一个巨大的衣柜，里面的衣服塞得满满当当，以至于她每次只能拿比较靠前的那几件衣服，因为后面的衣服根本就翻不到。

有一天，她打电话，让我去她家拿衣服，说自己收拾出来了好多衣服，舍不得扔，要统统给我。

我虽然已经过了小时候她穿剩下的衣服给我穿的年纪，不过我一般不会说不的，于是去了。

在她窄窄的客厅沙发上，确实收拾出来了一大堆衣服。我坐在这头，她坐在那头，告诉我每一件衣服的来历：这件 T 恤是她在巴黎老佛爷买的，这条红裙子是主持姐姐婚礼时穿的，这件风衣是她 18 岁那年的雨季在三里屯被星探叫住的时候穿的……

最后她只给我了一条围巾，而那条围巾是之前我妈送给她的。她看来看去，还是不能迫使自己爱上这条“山丹丹花开红艳艳”的围巾，所以完璧归赵。

所以，你会明白为什么女人衣橱里有那么多从来没穿过但是也从来舍不得扔的衣服，因为看见它们会想起某个人、某件事。

但是持续买买买，又不断舍离，衣柜迟早要炸掉，早上纠结穿什么衣服的场景将会变得没完没了。

选择恐惧症就是这么来的，如果只有一件衣服，就像扎克伯格永恒的圆领衫一样，根本没什么好纠结的。

首先，衣柜里应该有几件黄金基本款。

如果你要有一件皮衣，确保它是黑色并且是牛皮或者是小羊皮的。

答应我，不要穿 PU 皮或者魔术皮，如果你不想穿两个月就报废的话。

如果你要有一件毛衣，有条件的话，确保它是羊绒的。

没有条件的话，也要确保它是不粘毛、不起球的。

如果你要有一件衬衣，确保它是白色的，白色，白色。重要的话说三遍。

你一定要有一条腰围、腿围和臀围都合适的牛仔裤，因为牛仔裤是检验你该减肥还是增肥的唯一标准。

即便是我们的母亲从我们一出生起就剥夺了我们美过奥黛丽·赫本的权利，可是小黑裙作为时尚单品绝对难以拒绝。小黑裙单穿登得上大雅之堂，搭配起来又可以呼应造型，绝对是居家旅行必备单品，值得拥有。

其次，创造自己的风格。

当你有了这些超强百搭的基本款，其余的样式，依照自己的风格随心往上添加。一些华丽并且花哨的衣服看起来吸引眼球，其实并不适用，反而是良好质地的衣服，随时都可以彰显你的品位。

所以买衣服最重要的是先看成分。现在商场里不少衣服的成分粗制滥造，标价昂贵，而且也是对资源的极大浪费。

我自从看了一篇类似的报道之后，便对这样廉价化工手段生产出来的衣服敬而远之，并且那些追赶时髦的新款也不再让我那么痴迷。

就像羽西所说的：“所谓最佳规则，就是你极熟悉规则，又能够创造自己的风格。一旦熟悉了规则，你就会有信心去创造自己的风格。”

时尚稍纵即逝，可是风格永存。

追赶时髦和夸父追日有何区别？

早晚会被活活累死。

还有值得一提的是人们往往会通过你的穿着判断你的品位、经济和背景，所以，不可不慎。畅销书作家英格丽·张女士已经通知过大家："如果你穿错了衣服，没有人会告诉你；如果你不懂得搭配，没有人会告诉你；如果你头发不整，没有人会告诉你；你的鼻毛伸了出来，没有人会告诉你。但是人人都看在眼里，记在心里。这些小细节正在诋毁着你！"

最后，克制非理性消费。

如果检查自己的淘宝账单太痛苦，那可以回想一下，为什么自己没有花什么大钱，也没有买什么大物件，工资刚发下来不久就要开始吃土了？

39元的打底衫，59元的指甲油，69元的粗线毛衣，108元的韩国代购牛仔裤……往往这些当时买进来的东西，最后是第一个被扔的。

因为质量太差，因为气味难闻，因为尺寸不合又懒得退换，因为买家秀和卖家秀天壤之别，心好累。要想克制住冲动也简单。没有评论的不要买，有评论的看看中差评区的买家秀也就自然不想买了。

穿衣品位是需要时间的，还需要金钱。不过没有关系，没有人一开始就是搭配大师，但是你最了解自己。

一定要明白对于25岁以后的女生来说，衣服的质量比数量更重要。穿着化纤衣服的女生是没有机会走到公司高层的。

四、有气质的你最好看

韩国女星姜素拉高中的时候，体重曾经达到150斤，后来减肥成功，出现在观众面前的是一位身高168cm，腿长105cm的大美女。她曾经仅穿一身200元的H&M深色连衣裙走红毯，但见满室鲜衣，唯独她通体素淡。

她和穿昂贵礼服的女明星走在一起，也是大大方方。

姜素拉说，她减肥的方式是通过运动和芭蕾，其中有一个动作是经常做的，就是拉伸。

这个动作的要领就是：

1. 脖子后缩，眼睛目视前方；

2. 两手向后打开，双手握紧，不要耸肩；

3. 一条腿不动，另一条腿努力向前伸展，同时保持身体正直。

这个拉伸动作对于久坐的上班族和长期玩电脑、手机的低头族是个特别有效的拉伸方法，可以使肌肉舒展，背部打开，纠正不良体态。

现在我们很多人的工作基本上都是坐在电脑桌前，有些做技术和开发游戏的同学，一坐更是海枯石烂。刚开始坐着的时候，还能够注意点姿势，坐着坐着就疲乏了，脖子不由自主地往前伸，以至于日常生活中很多人走路和站姿也都有脖子前伸的问题。

所以，有些人看起来照片很好看，但是本人并没有照片那么吸引人。看他们的五官，也没有大的毛病，和照片也没有太大出入，问题就出在气质上。

气质一方面来自于阅读和阅历，另一方面也来自于我们的体态。颜值老天给，气质自己练；颜值可以不高，气质一定要清爽。

而良好的体态，先从拯救我们的脖子开始。

脖子和肩颈，平时我们都不大注意，总觉得它比较皮实，最不济也就是得个肌肉僵硬和肩周炎，能有什么了不起的大病？其实脖子每天承受着巨大的压力，当你每把脖子前倾1寸，脖子受力就会增大10磅。

有一次我陪朋友去做理疗，她的颈椎病犯的时候才叫可怕，足足能够恶心、呕吐到什么都干不了的地步。

所以，即便你每天不去健身房，也一定要记住活动颈椎。方法也很简单，就是保持肩部不动，使头部朝前、后、左、右，尽量拉伸。朝这四个方向拉伸之后，再把脖子顺时针、逆时针转动几圈，体会拉伸的感觉。

不少人每天都往脸上涂抹昂贵的化妆品，有眼袋了，就去买眼霜；有川字眉了，就去买肉毒素；有双下巴了，就去各大论坛求瘦下巴神器！有人理还好，要是没人理，果断回家，拿出一个暖瓶发燕窝吃。

其实，气血不通，抹什么东西都没用。

再贵的乳霜又怎样呢？动动筋骨反而会有意想不到的效果。

这是一个看脸的世界，也是一个看气质的世界。人们通常会被外表为之夺目的女孩所吸引，但是稍微了解之后，她们的谈吐和举止让我觉得就做一个普通朋友挺好；但是有些女孩是，一开始你并不觉得她有特别之处，深入了解一下会觉得自己的审美水平需要提高。所以，耐看、有气质，是对于一个女生最大的褒奖。

真正的气质藏在内里，裹挟着年龄的秘密不发一言，然后一路高贵冷艳下去。

以上说的这些，如果你有，那很好，请继续保持；如果没有，要再接再厉，努力办到。

无论在哪个年龄段，都要对自己的颜值和身材保持关注，毕竟，长相、气质这件事，3 分天注定，剩下 97 分，全部靠自己。

不能把控颜值的人，是不足以谈人生的。

宁愿单身的寂寞，也不要将就的折磨

一

自从人们对于单身人群的称谓，从单身贵族下降为单身狗之后，独自一人在这个社会生活，就开始有越来越多的不方便。

出去吃饭，服务员恭恭敬敬地开门，鞠一躬说："请问您几位？"

"一位。"我老老实实地说。

"哦，一位。"

然后就把我带到角落单人桌，正对着收银台。

——谢谢你体恤我一个人吃饭。

不过是想好好吃一顿牛排，却被"32号桌买单！""21号桌加水！""48号桌客人开发票！"吵得食之无味。

放下餐具去厕所，怕东西会丢，提着包；回来的时候，发现盘子、饮料都被撤，连桌子都被擦干净了。

"我还没吃完啊！"

正收拾餐具的服务员一脸抱歉地说："我以为你走了……"

多么痛的领悟。我只得匆匆吃完，匆匆离开。

尤其是一个人吃自助餐，上厕所回来，发现东西全没了。不仅没吃回本，而且整个把人吃得紧张兮兮的。下次去吃饭，要么先去洗手间，要么自己带块牌子，上面写：“没吃完，勿收。谢谢。”

在食堂吃饭，经常被问：“请问你是一个人吗？”

说不是吧，不想骗人；说是吧，已经预感到事情不妙。果然，问话的人不一会儿就端着餐盘咣当一下坐在对面。我一直觉得，和一个陌生人一起吃饭是一件无比尴尬的事情。当然，尴尬的感觉也常常是促使我吃得飞快的动力。

这年头，自己吃饭就意味着跟别人拼桌或者坐角落。为了解决这个问题，据说丹麦开了一间 Eenmaal，所有的食物都是一人一份，所有的桌子都是单人桌。创始人很酷地表示：“虽然你是一个人，也有权利在一张单独的桌子前，享用一份只属于自己的大餐。”

那年冬天我去日本，神奈川飘着小雪。在一条小街上，随便找了一家烤肉店，坐下，点餐。一个年轻人独坐屋中一张四人台，左手持一本书，右手放一杯鲜榨扎啤，休闲得让人羡慕。屋内烟气氤氲，人声鼎沸，菜还没送到，我拿余光看他，他呷一口啤酒，翻几页书，食物用尽，把碗筷摆放整齐，正正衣冠走出去。

我一直记得那份气定神闲，而且看起来舒服极了，一点儿也不孤单。

二

我的好朋友张雯雯，已经单身五个年头，即将向第六个年头大步迈进。在这漫长的单身时间里，她只有三个月时间在所谓的男女朋友关系当中，其余时间都是百分百单身状态。

我说的百分百单身是她没有地下情，没有做影子情人，没有暧昧，就老老实实地单着。

她单身5年，那天，我们发微信，她说："今天我哥生日，他打了好几次电话让我去，我没去。我去干吗呢？我哥事业有成，家庭幸福，还有可爱的一儿一女。我有什么呢？热闹是他们的，我什么也没有。"

为了摆脱单身状态，她一直在行动。她喜欢运动型男生，每个月都会报名参加骑行和穿越，把自己打扮得跟花一样地出去，最后灰头土脸带一身土回来。

她经常告诉我，这种活动里面，所有的女生都喜欢里面颜值最高的男生，所有的男生都会喜欢里面颜值最高的女生，最后的结果往往是颜值最高的男生和颜值最高的女生速配成功，剩下他们这些"卢瑟"互相鄙视。她锲而不舍地参加穿越活动许久，背景板当得卖力，但是收效甚微。

亲朋好友对于她的努力，从来都是不吝嘲讽。可是她还是有收获的，她交了好几个知冷知热的好哥们儿，都是参加活动认识的，现在的关系还很好。

为了增加遇到运动型男生的概率，她每天都到操场上跑步。五年时间，她找的人不喜欢她，喜欢她的人她不喜欢，不过坚持跑步把她变成了一个特别有毅力的人。

不少人心疼地劝她降低标准，说，这么杵着，早晚成“齐天大剩”。但是，张雯雯每次都以一种大无畏的姿态，拒绝妥协。

我说，我觉得张雯雯挺棒，不将就的姑娘都输得起，而且一定会赢得漂亮。去年圣诞节，她在微信里放了一小束花，我不用问，就知道她已经准备好拥抱迟到的爱情了。

三

我在高铁上认识了一位老大哥，他就坐在我的旁边。1965 年生，一个人过。他说，单位里的年轻人都喊他刘哥，我也是年轻人，也可以随着叫刘哥。

他长得很像《疯狂的石头》里的黄渤，吊梢眼，大眼泡，牙齿黄黄的，都是茶渍和烟渍。腮帮子有些鼓，看人的时候斜着看，思考的时候还会无意识地抖腿。

他跟我讲，他到这个城市是为了跑客户来的，他在这儿待了三天，很幸运地遇到了一个好老板，有 90% 的可能性要跟他的公司签合同了，60 吨的材料，他作为业务员，能提不少钱。

他这个人特别爱聊，把他之前怎么一事无成，到这个单位是怎样从头再来，而且到现在为止运气还不错，整个儿给我讲了一遍，三个小时的旅途，我都在听他嘚吧中度过了。

过了一天，他给我发了一个短信："我没签那个合同，我还要继续努力。"

第二天，他要走，问我可不可以去送他。我纠结了一下，还是去了。出门之前，我找出一罐啤酒，装进包里。

他挎着一个小腰包，现身在高铁站硕大的广告牌下，远远看起来，比上回见到时还要老一些。我掏出啤酒，他毫不犹豫地就把那瓶打开了。他咕咚咕咚喝酒的样子，简直就是落魄时的黄渤。只是他可能不会有漂亮翻身的机会。

他上了车，给我发了一条短信，说："分享一句名言，与你共勉：'我来不及认真地年轻，待明白过来时，只能选择认真地老去。'"

我心里想的是，孤独的人并不可悲，可悲的是在世俗的目光中羞愧，是对这个世界不再乐观。

四

单身还有一个大敌就是，周围人都在怀疑你单身的理由。

"你都25了，看隔壁谁谁谁，都要结婚了，还不领个对象回来？"

"你都30了，连个男人也没有，是生理有问题还是脑壳有问题？"

"你都35了，还不要孩子？再不生，生不出来了哟。生出来缺胳膊少腿的，你养他一辈子？"

"什么，你一辈子都没结婚，你打算养个狗给自己送终吗？"

你去菜市场买菜还挑呢，我找对象挑挑不过分吧？

什么叫别人结婚了我就要结，那别人离婚我就要离，别人死去我也去死吗？

什么太挑不行啊，借作家六六语：“真不理解那些逢年过节便逼婚的父母亲戚朋友，想想你们自己的婚姻是否比蜜甜再劝单身的朋友入围城吧！一面彼此恶言相向，怀疑爱情，为了孩子凑合，甚至婚内劈腿，一面还鼓励别人去过跟自己一样糟糕的生活。这究竟是祝福还是报复？”

而且他们还会因此进化为哲学家，触类旁通的能力惊人。我在网上挑挑拣拣，网购了一件衣服，穿上有点大，而且和图片有色差，不过实在是懒得换，回家跟我妈抱怨：“挑花眼了，最后还是看走眼。”她悠悠地说：“买衣服跟找对象一样，跟谁过都是凑合。”

我跟姥姥出去逛超市，买水蜜桃的时候，我要挑几个表皮完整，捏上去没有软烂的那种。她对于我颜控的倾向很不以为然：“买水果和找对象是一样的，长得好看有啥用，最后还不都变得老眸咔嚓眼？样子说得过去就行，你看，有哪个政治局常委长得好看的？”

五

但凡单身半年以上的人，都有一颗不愿将就的心。

有人给张雯雯介绍对象说：“社科院博士，新晋讲师。小伙子没啥毛病，就是个子有点矮，一米六；头发有点少，除了两鬓，没剩几根。

你不介意吧？”

张雯雯坚决 say no，然后回到家，一个人抱着电脑看电影，哭得上气不接下气，哭累了拨我电话，絮絮叨叨讲她的人生哲学，讲到手机后盖发烧，我的耳朵发烫。

有些人愿意将就没有问题，但是有些人是真的不愿意将就。我有很多长期单身的朋友，有的人 30 岁都没有谈过恋爱，有的人 50 岁都没有结过婚，依然活得很精彩。他们一直勇猛精进，一直在寻找属于小王子的那朵独一无二的花。

当然，我同意有些人的说法，单身是因为我们还不够好。可是往往问题是，比我们条件差、脾气坏、性子急的人，也在恋爱中，也结婚了。

所以，我一直觉得单身是个运气问题。没有人是一开始就打定主意要单身，只是因为在正确的时间、地点和场合，遇到了错误的人，而又在错误的时间、地点和场合，错过了正确的人。谁都想要有个两小无猜的伙伴，到合适的年龄结婚，不用兜兜转转，也不必踏过万水千山；谁都渴望爱与被爱，无关距离，也无关现实，只是有关爱情；谁都想遇到一个人，一拍即合，然后策马红尘，望断天涯路。

可是大多数人，没有这样的运气。要甜蜜恋爱，有伤心分手，要无奈相亲，要挑挑拣拣。担心嫁不掉，担心嫁不好，担心遇人不淑，担心衣食无着，担心出轨，担心劈腿。想要追求，却又害怕受伤；磕磕绊绊，深情却都是枉付。

最后多年的狐狸熬成仙，才修得个同床共枕人。

在这个世界上，80%的人都能找到自己的另一半。如果还没有找到，不要放弃寻找，并且在最终找到之前，也不要怕成为少数。单身的人儿和恋爱中的主，都有充足的理由互相鄙视，谁也没有高谁一头。

生活是一场伟大的回眸，要坚信这一点。然后稳扎稳打，一路高歌猛进。

所有的遗失都是生活的考验，所有的失去都会以更加丰盛的方式填补，所有认真生活的人，都将最终获得褒奖。

第五章

能够让你欺负的人，都是爱你的人

你的崇拜抵得过千军万马

好久没看《非诚勿扰》（现改名《缘来非诚勿扰》），找来看了一两期，发现里面有个现象很有意思。

《非诚勿扰》是一个相亲节目，就是给参加节目的单身男女青年一个相互认识、了解的机会。节目里面有一个爆灯环节，也就是说，在“进入男生权利”之前的任何时候，只要女嘉宾按下爆灯键，就会成为动心女生，彼时场上会播放让人不断心跳的动画和振奋人心的音效。爆灯女生的特权是：男嘉宾在最后反选阶段不能灭她的灯，而且爆灯女生有额外的表白时间，为自己争取机会。

三号男嘉宾一出场，就是满屏的年轻有为范儿。他自我介绍的时候说二十五岁，来自上海，是物流集团的副总裁。加上个子很高，小分头梳得一丝不苟，不少女嘉宾抢着发言，以示好感。其中八号女嘉宾啪的一下爆了灯——她个子不是特别高，皮肤白白的，一看就是注重打扮的都市女孩，要说多好看，那也不至于。

全场鼓掌欢呼，男嘉宾也有点不好意思。

最后表白环节，男嘉宾对面站了四位女生，一位是他的心动女生，心动女生之前已经灭了灯，如果他上去表白，有可能被拒绝自己一个人回去；剩下还有三位女生，他可以带走其中一位。

男嘉宾问了四位女生问题之后，接下来就是爆灯女生最后的表白时间。

爆灯女生说："你说你是上海的，我就一直按，然后爆得我那个粉都有点碎掉了。其实我这个人有点小做作，因为我是上海人嘛，有点嗲妹妹。你说你不喜欢被控制着，看你手机什么的，其实我这个人也没有刻意去看，但你如果老是抱着手机发消息什么的，那我肯定要怀疑你的，是吧？"

孟非表示如此耿直的表白真是让人瞠目结舌，于是他直截了当地说："这是《非诚勿扰》开播以来，在最终表白环节，我听到的最失败的表白。"

女孩脸色一下子有点阴沉，替自己辩解了一句："我就是这样啊，我说了我不会装的。"

孟非没再补刀。我心想，这姑娘这么棱角分明，带回去指不定出什么幺蛾子。来一趟不容易，估计会选弹古筝那个女孩吧，那个女孩高挑贤淑，两个人看起来也般配。

结果出乎所有人意料，即便是被主持人当场评为史上最差表白，男嘉宾还是毫不犹豫地牵起了爆灯女生的小手。

后来黄磊感慨道："我在台上也坐了这么久了，发现爆灯对男嘉宾的影响力还是挺大的，因为会让他有种被崇拜的感觉。"

那一期的第五位男嘉宾是位韩国整形医生，大受欢迎，最后牵走的也是姿色平平的爆灯女生。

再次强势印证，崇拜的力量是伟大的，有冲击性的。

古希腊有个谚语，叫作"阿喀琉斯之踵"。阿喀琉斯是海洋女神忒提斯与国王佩琉斯的儿子，在他出生之后，母亲捏着他的脚踝将他浸泡在冥河中，使他全身刀枪不入，唯有脚踵，即母亲用手握着的地方没有沾到河水。阿喀琉斯长大后成为希腊最勇敢的战士，有金刚不坏之身，唯有脚踵，是他唯一的弱点。

同样，每个男人都有阿喀琉斯的脚踵，即便是进化至今，还是根深蒂固，这代表了他们与生俱来的弱点：一是难以拒绝美貌女生；二是对于温柔和崇拜难以招架。

于是《非诚勿扰》的舞台上经常可以看到女生果断拒绝专门为她而来的各色男生，即便是男生送花、送蛋糕、送婚纱、送钻戒，当着全世界人民的面表白，也心硬如铁；反而是男生对以实际行动表达崇拜的女生，心甘情愿地丢盔弃甲。

虽然男女对于异性对自己的崇拜和赞美都有需求，但是男性对于崇拜和肯定的需要，比女性要高得多。

我有一个哥们儿，个子高，长得好，学历也不错，找对象挑剔得很：

井井有条的女孩儿不喜欢，说太无趣；雍容华贵的女孩儿不喜欢，说不舒服。最后他的太太让我们大跌眼镜：学历都不及前任，高中毕业而已；长相说得过去，就是体形有些偏胖；要论家世，也是相当一般。在事业上不能相助，学识上不能比肩，我们都看不懂他们怎么回事。后来才发现，这位帅哥的太太跟他相处自有一套，不仅极其温柔、有耐心，而且口头禅是："我觉得你可以的。"

虽然我作为旁观者，时常感觉他的太太把崇拜感熬成了一碗迷魂汤，一个愿灌，一个愿喝。但是这事儿就是不看广告看疗效。所以我这哥们儿自己也很诚实地总结说："男人比女人好摆布多了。"

因此柏杨说："做妻子的如果能欣赏他的优点，他便爱若至宝，一天打他两个耳光都干。如果不能欣赏他的优点，便叫他一天打她两个耳光，他也不干。所以太太们，不可不多做裁夺。"

所以，你的温柔崇拜抵得过千军万马。

台湾作家吴淡如写过一位已经退休的老先生，在他的太太去世之后，他最怀念的就是，经济不景气的时候，他每个月带着薪水回家，太太会双手接过去，然后用无比感激和诚恳的眼睛看着他说："谢谢你为这个家这么打拼！"每次说到这儿，老先生总是泪满衣襟。

在我们这个什么都要含蓄的社会，把感情深深地埋藏起来，是我们从小受到的教育。而且很多人至今还是后知后觉，因为如果说老一辈是我们成长的镜子的话，很多人从来没有见过他们之间互相表达赞美和关爱，很多人都是在丁零咣当的烟火气中，也是过一辈子。

我们都羞于开口，而且即便是感受到了柔情蜜意，也在言语里迅速转化为水波不惊的言辞，好像只有这么说才坦然，说句“你做得真好，谢谢你为我付出的一切”，都是难以开口的肉麻话。所以很多女生即便是心很温柔，也嘴硬如铁。

如果你想要男人爱你，很简单，只要说“你已经做得很好了”，就够了。

如果想让男人恨你，只要在他失意的时候，泼一桶凉水也就够了。

而且，要摧毁一个男人对于一个女人的喜欢，从不修边幅和伤害他的自尊心这两点入手，就可以速成，其中以后者的杀伤力为大。

所以我的前老板，总会在饭桌上有意无意地提及，前几年他创业失败到第六次的时候，他一度跑到某著名互联网公司去求职，出门之前被太太奚落了一句：“就你这学历，他们能要你就不错了！”他创业到第十二次，终于机会降临，现在公司估值三个亿。他每每想起那天早上的场景，现在还愤愤不平。

为什么？因为人是不会记住对错的，只会记住当下那一瞬间的感受。

是选择蜜糖还是砒霜？

且问自家。

尊重没有任何目的 就对你好的人

我到国贸办事，从大楼里面出来，正好是吃饭时间。

走到楼底下看见一家米线店，在国贸这种注重颜值的地方，一家米线店老老实实地叫米线店已经不容易了，再看它的外观，朴实得跟我们家旁边的小吃店没有区别。我心想，这么随意，一定是实力派，里面估计暗藏玄机。于是，我便推门走了进去。

就像是江湖上神龙见首不见尾的大侠，深藏在这繁华街巷中，静等有缘人。

我走了进去，前后左右打量了一圈，发现里面只有一排桌椅，空间特别狭小，从地板到镜子和天花板，到处都是油腻腻的；再拿来菜单研究一下，菜单也油乎乎、黑黢黢的，让人心中发毛。

普通米线 12 元一碗。

米线很快做好了，怀着期待的心情吃一口，唇齿间一股火锅底料的味道弥漫开来。拿筷子翻两下，哎呀，一小截粗硬的黑发傲娇地躺在上海青和豆腐皮之间。

当时正值午饭高峰期间，小店里有零星几位顾客，高声吆喝一声，势必会影响人家做生意。吃得不痛快，忍住不说就好了。我也做过生意，深知小本生意不容易，店铺租金、水电费、物业费，这都是必不可少的，又加上材料钱和给员工开工资，哪一样不需要交钱？每天一睁眼，迎接别人的都是太阳；对于做小买卖的来说，迎接他们的则是几百元到几千元不等的租金，挣得出来还好，挣不出来那就算是给房东打工了。我念及这一点，不愿让他们难为情，放下碗箸，猛吸了几大口汽水，起身准备付钱。

“不好吃啊？”老板娘过来收拾，看见几乎纹丝未动的米线，一边收拾碗筷一边仰头问我。

“没有……多少钱？”我真的打算就算了，钱我照付，影响人家生意的话，我不打算说了。

“我们最爱听别人提意见了，”她胖胖的身体艰难地穿过桌椅，擦着食客的后背，热切地继续问道，“咋回事儿呢？”

“有个东西在里面……”既然她这么有诚意，我也实诚，努努嘴，示意给她看。

“哦，头发啊。”她胖胖的脸盘炸开一抹笑容，说，“你少给两块钱吧……”

“不用不用……”我掏出钱，就要付给她的时候，她接着说：“头发算什么？我们自己家做饭还老能吃出头发呢，这都不叫事儿……”

我听罢，果断丢下十元钱，夺门而出。下次还会来吗？当然不会了。走出去几步，再回想一下，这家米线店是典型的卫生不达标，服务态度粗鲁，所以导致门庭冷淡，而我则是内心丰富地给它加了太多的戏。

日本有一档综艺节目，叫作《拯救贫穷大作战》，专门去找那些经营不善的餐馆拍摄，分析他们的问题，然后帮助他们提升生意。看了几期会发现，生意做不好的店家都不是没有原因的，要么是卫生太差、食材过期，要么是服务恶劣、死性不改。当客人告诉他们饭菜味道可以改进或者食物不洁的时候，他们就会忙于辩解，有点脏东西是正常的，或者说，餐具清洁都是外包给专门公司的，不关他们的事。他们往往把提意见等同于找碴儿的前兆，所以迫不及待地辩解，以便息事宁人。

我们现在这个世界，很少有人能够顺利接收到别人的善意，或者习惯于把善意转化成恶意。

因此，他们把我指出的问题，看作是批评，并且用毫无悔意的言辞来表达自己的强硬。相反，如果我说不给钱，并且大吵大闹，他们反而会紧张起来，一个劲儿地赔不是。

何必呢？我是顾客，自然是洒脱的，可以吃饭的地方多了去了，干吗不找一家干净又舒心的饭店？对于小店的打击就会大得多，吓跑新客人，又留不住老客人，最后自己把自己的财路赶尽杀绝。

每个人可能都有这样的体验，当你遇到一个人，你从来不认识他，没有见过他，但是只要他开口说一句话，你就知道你不会喜欢他。

有天早上七点多，我和张雯雯要出去办事。她刚刚注册了顺风车司机，所以我们顺路接了一个单。快到出发时间，我给叫车人打了一个电话："喂，您好，我们已经到小区门口了，您下来吧。"

她说："你稍等一会儿，我吃口饭。"

然后就给挂了。等了好一会儿，她才磨磨蹭蹭地出来了，带着个小男孩，应该是要送孩子上学。看他们背着书包，拿着饭盒，我把座椅往前调整到我能够承受的最小空间，想让他们坐得宽敞些。

她坐上车，把孩子安顿好。之后，她便一直疑心我们在绕路：

"为啥不走辅路？"

"怎么不上四环？"

"走学院桥干吗？"

顺风车的起点和终点，系统会自动计算出距离，不管走什么路线，车费都是一样的。我们不是专职司机，也在赶时间，也没有绕路的动机啊。

张雯雯还是解释了一句："导航有实时路况，应该是四环上有点堵，我们还是跟着导航走吧。"

坐了一会儿，这位女士说："车里好像有点味儿。"

"对，是皮子的味儿，不太好散出去。"

"后边空间有点挤，我的孩子伸不开腿。"

“哦，好。”我把座椅靠背调直。

又坐了一会儿，还有两个红绿灯就到目的地——小学门口了，因为送孩子的车比较多，我们又堵了一段时间。她冷不丁地又问了一句：“几点了？”不知道是不是要怪罪我们开得慢，让她赶时间了。

我俩都没吭声。女士也没纠缠，窸窸窣窣地从包里翻出手机，看了一眼。

临了还问了一句：“你们是天天来吗？”张雯雯忙说：“不是不是，就今天来办事，以后就不一定了。”

总有些人把钱花出去之后，会油然而生出一种莫名的优越感。

我们对于什么人最客气？

答案是，对于有钱的、有权的、有势的。因为这些人有利可图，因为他们惹不起。你坐领导车的时候，敢质疑他让你的孩子坐得不舒服吗？

可是往往我们的素质和教养，表现在对于陌生人的态度上。

我认识的一个老板曾经说，他平时会留心观察员工日常的言行举止，真的发现会有一些人，见到老板就笑逐颜开，遇到同事或者没什么头衔的人，就全当是空气。他说，只要是被他的眼睛捕捉到这种翻脸如翻书的人，他是不会委以大任的。

工作的那一层有位打扫卫生的大姐，平时我在楼层遇到会跟她说说话，因为办公室每天都会堆上大大小小十几个盒子，放在脚下面、角落边挺占地方，我起身的时候就把盒子简单收拾收拾，大的摞着小的，给保洁大姐送过去，卖废品的收入，她自己收着。她就变得有点感激我，早上我去上班，时而能撞见她给我放在窗台上的绿萝浇水，看见我过去，憨厚地笑一下，就忙别的去了。

有段时间，我的朋友开淘宝店需要牛皮纸盒，我想起大姐平时一定会收很多这样的纸盒，便去问她可不可以给我一些，她很慷慨地说，杂货间里的纸盒好几百个，都是她从各个楼层收来的，想要的话随时拿，拿多少个都可以。

上次跟顺风车主聊天，他说，他认为最有素质的乘客就是，被抢单之后，车主给他们打电话询问他们具体位置的时候，愿意说句："我在某某大厦，您哪里方便？"这不仅有时候可以节省绕路的时间，而且还是尊重司机的一种表现。

我希望大家都客客气气的，尤其是对于素不相识的陌生人，有尊重和感激之心。即便是我们花钱买了服务，也并没有高人一头。每天早上上班的时候，跟大楼的保安小哥点个头笑一下，说声"早上好"；打专车，司机要来接你的时候，问一句"您哪里方便？"因为他们对你的善意，不图名，不图利。

世界上最聪明的那个人老了

一

我们家搬家之后，老城区的房子就空出来了。我妈捯饬捯饬，把房子租了出去，一个月租金 1000 元，租客又磨了磨嘴皮子，价钱讲到一年 10000 元成交，无押金，一次性付清。

房子租出去了两年，她发现这房子老放在那儿也不是个事儿，于是把租客赶了出去，一鼓作气把房子卖了，于是她手里有了闲钱。

这么多钱，该怎么处置？俗话说得好："你不理财，财不理你。"我妈也决定机智一把。

她本来把这些钱存到银行里，但是总觉得银行给的利息太少了，不给劲儿。

那天，老李跑过去找她闲聊天，聊着聊着，就聊到了钱上。老李说，他的钱在一个熟人那里存高息，存 1 万，能给 600 元利息；存到银行去，存 1 万，才给 20 元利息。

"保险不保险？"

“怎么能不保险？”老李眼一圆，提高嗓门说，“我拆迁房给的100多万都存在那儿呢，人家每个月1号按时往银行卡里存利息，一次都没少我的。现在我的钱快到期了，我打算跟他们再续一年。”

“怎么能给那么高？不会是拿着储户的钱干什么违法的事吧？”我妈又问。

“不能够啊！”老李直摇头，“都是正经生意，大生意！期货，懂吗？大生意就需要大钱，钱多难免周转不开，咱们支援一点，一来做了好事，二来又是双赢。你说这事好不好？”

我妈听得一愣一愣的，回去之后就又找我姨商量。两姐妹凑了点钱，一起去存到了高息贷款那里。老李从我妈她们的本钱里面抽了5000元的成，算是公司表彰他的辛苦费。

我妈存上去之后感觉挺美，就打电话跟我炫耀。我说：“您可别存了，我的一个同学，结了婚之后，一直没舍得在北京买房子，夫妇两个存在高息那里300万（还包括双方老人的积蓄），存高息那个公司突然玩失踪，两个人简直快要疯掉了。还有，我给你念念最近的新闻啊，听这标题《周转困难，老板集资之后跑路》《投资公司高息诱惑老年人后失联》《老板欠账6000万后跑路，借钱给他的人急了》……”

“不会、不会，你放心吧。”她还反过来宽慰我，觉得我天天唠唠叨叨地告诉她江湖险恶，像是个从旧社会穿越过来的小脚老太太。

她还有一个熟人，办了一个典当行，也招呼大家存高息。我妈她们又在那里存了不少钱，拿回来了一些合同和小纸片、收据条，就踏踏实实地过起当债主的日子了。

两家的合同，我都找出来研究了一下，直觉告诉我，这些合同是霸王条款，但是，我是个外行，找不出明显的毛病。我只能祈祷我妈我姨的钱放在那里安安稳稳，因为它们好，她们才会好。

去年清明节，我妈的银行卡没收到典当行的利息。她也没在意，还是该干吗干吗。两个月后，她不仅没收到典当行的高息，也没有收到所谓的期货老板的高息。

她打电话给典当行，那人带着哭腔说，三个月前，储户的本金就都被提走了，她本人的钱也在里面；打电话给期货老板，秘书说，老板住院了，又打，说，老板出去自驾游了，高原上信号不好，电话打不通……

失联了。

我妈彻底傻眼了，晚饭的时候，瞪着眼前的饭不肯吃，睡觉的时候，靠在床靠背上不愿睡。坐起来头就会晕，我用两根手指搭在她的脉搏上，突突突……突突，心脏的搏动没有规律。我忙让她含一些速效救心丸在舌下，她才好一点。

速效救心丸是她的常备药。她的心脏是老毛病了，二尖瓣关闭不全，高兴就不会犯病，不高兴就有麻烦了。

“我早就跟你说了，你不相信。你看看，早点儿听我的话多好。”我心疼她，又忍不住埋怨她。

“我不是想多挣点钱吗？我挣的钱还不都是你的？不然你以后在北京吃啥、住啥？”她一皱眉，口气还挺横。

后来，典当行的人说，把钱分三年还给她，我妈说，好吧，可以；期货公司的老板说：“本钱我会给你，但是因为你的本金没到期，现在还给你要扣违约金。”我妈跟我姨一商量，决定到期再拿出来。

我听了之后，觉得很生气，我认为应该保住本金，甭管什么利息不利息，为此，我跟我妈冷暴力了一阵儿。我妈给我姨通电话，说我生气了，因为她没有按照我的想法去做。

我想，我不是因为这个而生气，我是觉得有些伤心，她怎么连这些人的鬼话都识不破呢？我小时候一直崇拜她的聪明睿智，她在我的心目中，一直是不可能被蒙蔽的模样。

果然不出我所料，半年之后，两家平台都跑路。

亲戚又怎么样？借人之债时其脸如丐，被人索偿时其态如王。真是无可奈何。

二

我爸炒股已经很多年了，但还是很菜。

他刚开始接触股票的时候，就买了中金黄金的股票。那时候中金黄金涨涨涨，涨到 132 元一股，他看准这个大好机会买了 N 股。之后神奇的是，自从他进场之后，中金黄金开始狂跌，我知道的时候，就已经是 30 多元一股了。

但是他没有气馁，继续往里面注入本金。前些年博客比较火的时候，他也很关注一些知名大 V 的博客，每篇文章都复制保存下来，然后打印出来，晚上睡前躺在床上细细研究一会儿，觉得重要的，还会画些横线，做做笔记。

他本来是个很爱看报的人，但是看东西很慢，于是他渐渐放弃了阅读的习惯，看的书也就是股票方面的书，什么《盘口》之类的。

他炒股基本上都是在赔钱的，因为他本身不是一个脑子很灵活的人，只要是股市飘绿，他一定是被套的那一拨，而不会是幸运儿。他最呆的就是“追涨杀跌”，每次都让我为他连连摇头；他也没有机会看着股票的曲线变来变去，来决定买入还是卖出，基本上能交易的时间他都看不了电脑，因为他在手术台，不能交易的时候他也闲下来了。他炒了股之后，变得有些玻璃心了，有时候我们在饭桌上讨论谁炒股又赚钱了，他会很不耐烦，好像我们在针对他、讽刺他，说他是“卢瑟”似的。

我每次回去都小心翼翼地跟他说，赶快撤出来。他总是说“等我挣到多少多少钱的时候就出来”。那天一起吃饭，我又催他：“我跟一个做金融的朋友聊天，他说经济不好，甭管折进去多少，股市里有多少钱就拿出来多少钱。”

他云淡风轻地说："你就好好工作，不要出去兼职，也不要老出去应酬，就简简单单的。我慢慢攒钱，给你在北京买房子。"

我翻翻眼说："我才不要你的钱。"心里只能给自己打气说，要再上进一点，让他们在财务上更自由一点。

股票老是赔钱，影响他的心情，进而已经开始影响他的健康了。到他这个科室看病的又大多是穷人，他给人家减免医疗费，自己的工资就要相应减少。于是要攒下钱，只能自己在吃饭和穿戴上少享受一些。

上了年纪的人是不能忧虑的，忧虑就会抑制食欲，还会引起心脏、血压等等的不适。然而股票对于一般人来说，就像是悬置的果子对于短腿猴一样，你看着它一直在那儿，其实老也够不着。

没过多久，股市就崩盘了。

三

那天我给姥姥打电话，说我的眼睛不太好，有飞蚊症了。就是看白墙的时候，或者光线比较刺眼的时候，眼前会出现很多苍蝇腿儿一样的东西，眼睛看到哪儿，它们就跟到哪儿。

"你去医院了吗？"姥姥很担心地问。

"去了，北医三院的医生说没办法，告诉我习惯就好。"

"那可不行，你还年轻，用眼的时候还长着呢！你不是在北京吗？你去找一个医生，他叫林寒，可厉害了，专门治眼病的。"

“哪个林？哪个寒？在哪个医院？”

“双木林，哪个寒我不知道，在哪儿上班我也不知道。广播里说他叫林寒，是国务院津贴专家……”

“广播里呀！”我郁闷了，“广播里的您也信？都是骗人的呀！”

“不是骗人的。”姥姥有些不乐意了，“我听的时候，还有人打电话呢，说吃了一段时间就好了……”

过了几天，我去姥姥家看望她，她跟我说，她要买广播里的“固本延龄丸”，说是坚持吃几个月，心脏病、冠心病什么的都能好。

她还要买一个叫仁济堂的什么药，具体的名字我忘记了，也是治疗心脏病的。

她最近几年，尤其是今年，身体状态尤其不好，一米六的个子，去年的时候还有 120 斤，今年莫名其妙地只有 90 斤了，整个人看起来也没力气。因为生活的苦难，她 30 多岁就有心脏病了，心衰最近几年是越来越严重了。

医院给她开了药，她总是觉得不到位，想再吃点什么，让身体好一点。我想，她一定是很难受，是那种难以承受的难受，不然她不会至于相信广播上的医疗广告。她每天都在 9 点半的时候准时打开收音机，那两个广告，就是在这个时段播放的。她听见里面的老病友康复了，觉得自己的病也有希望了。她于是每天都听，感觉像是要抓住什么。

我跟她说：“你不要信，吃了不仅不会好，还会加重你的病情的。”

她耷拉着头，有些不开心，好像是我扼杀了她的一个长久的愿望。

我把这些药的名字检索了一下，念给她听："固本延龄丸涉嫌假药被警方查处！""假药，骗子，我妈吃了心脏都快跳出来了。""怎么没人管？工商局都去哪儿了？"……我告诉她，这些广告简直荒唐。

她"哦"了一声，半天才反应过来，说："我一直以为这是真的呢，原来是假药啊……"

从前小的时候，都是姥姥把我拉到跟前说："你放学要直接回家，不要跟陌生人走，他们跟你说的话你不要信，那都是在骗你。"我跟她一起出去买菜，她一眼就能看出卖菜的在秤盘底下吸了一个小磁铁；她带我出去玩，路边有小商贩在那儿大喇叭吆喝草药，她总是说，这都是夸大其词。

我曾经以为她是世界上最聪明的人，没想到我长大了，世界上最聪明的人老了，像个未经世事的老小孩了。

他们总是说："我们的钱都是你的，都给你。"可是父母亲可能不明白，他们的健康才是子女最大的财富。

当时我们还没有搬家，住在一个有一万多人口的大家属院里，有一个老伯是院子里的名人，他是一个 80 岁的退休工，总是蹬着脚踏三轮车，他那位 100 岁的母亲常戴一顶渔夫小帽，安静地坐在三轮车后面。那天我放学回去，看见有一位衣冠楚楚的中年人跟他聊天，对他说："我羡慕你，80 岁了，还能回家叫一声妈。"

当时我不懂那句话，不过那个场景我至今仍记得。

总之，希望各位转告父母或者亲戚，这三件事不要再碰，因为：一来风险很大，很可能都是血本无归。二来影响自己的身体，损害健康。人年纪大了，身体各器官的机能，只可能越来越坏，而不会越来越好，因此丢了钱还是小事，关键是身体经不起折腾。

世界上最聪明的那个人老了，让我们好好爱护他。

一碗意大利面的柔情

有台湾网友在脸书上贴了一张照片，是一位年迈的老伯低头吃意大利面的场景。

几天前，一位素不相识的老伯到这家面馆，和员工讲："我很想吃意大利面，可是我没有牙，咬不动，我也最喜欢西红柿味，所以，能麻烦帮我把面做得烂一些吗？"

"那您可以吃肉吗？"

"我也吃不了肉，没有牙来咬。能帮我加一个鸡蛋就很好了。如果可以，我会晚上来吃的。"原来是老伯很想吃番茄味的意大利面，但是没有牙齿咬不动，所以要提前去商议，看看有没有人愿意给他这个用处不多可是要求有很多的老头子做。

店员听完之后，汇报给店长和厨师，所有的员工从上到下一致答应了老伯的请求。等到老伯晚上来就餐的时候，惊喜地发现，他们不仅真的为他私人定制了一碗意大利面，而且放了极其细碎的肉末。看着老伯拿着汤勺呼呼吹着热腾腾的面的侧脸，彼此都收获了感动。

视频传到网上去后，更是感动了千万台湾网友，店家特意在脸书上写道："当我老了，我不是原来的我。请理解我，对我有一点耐心。当我的身体渐渐退化，请伸出你年轻的手，帮助我，给我你的爱和耐心。当我老了，也希望有人会这样对我。"

可是现实生活中，我们对于老年人有多关心、多尊重呢？

前些天我到火车站接人，我们约在火车站里面的地铁站见。我在闸机口站了挺久，旁边有一对情侣也同样站了很久，那个女孩不停地打电话、接电话，话语是方言，我听了个大概，意思是父母第一次坐地铁，找不到出口，有点迷路。

又过了一会儿，有一对衣着朴素提着大包小包的老年夫妇出现在闸机口，他们动作迟缓，因为所有的行李都是手提肩扛的，显得不是很聪明。其实，他们完全可以带一个拉杆箱，省力，而且不会手忙脚乱。不过，也能看出他们很少出远门，地铁这种复杂的交通工具确实是难为他们了。

女孩子其实已经焦急地等了他们半天了，而且她都走到站里来，证明她也抱着极大的诚意。可能是漫长的等待和解释消耗了她见面的喜悦，她看见妈妈就是劈头一阵数落，行李也不接过去，气鼓鼓地一扭头，走在他们前面，只留着两位老人耷头顺眼地跟在后面。老人也不识闲儿，解释说找不到什么地方，女孩更来气，一家人吵吵嚷嚷地走远了。

有人说：“我其实是很爱我的父母和爷爷奶奶的，可是我脾气不好，所以我没有耐心，老是忍不住发脾气。”

如果你在上司讲话的时候，一句没耐心就拍案而起；如果领导出站的时候磨磨蹭蹭，你当面就来一句“你怎么这么慢？不知道我已经等你很久了吗”；如果你在500人的大会堂里，训老板像训孩子……那我敬你是一条汉子，说明你是个表里一致的人。

如果不是，如果你对待上级像是冬日的暖阳，对待亲人像是夏日的烈日，那就是修养不够，不是脾气不好。

台湾作家刘墉的一双儿女都在美国长大，他平时很注意培养他们接受很传统的中国教育。他说，每次全家开饭之前，都要等奶奶来到饭桌前，如果奶奶不来，谁也不能动筷子。奶奶从屋里走出来，看到全家人都在等她，虽然嘴里没说出来，但眼神里看出来无比高兴。老人老了，会觉得自己越来越没用。刘墉书里还提到一位老人，她觉得自己现在年老体衰，跟着后辈一起吃饭都是拖累，所以有时候干脆在厨房里吃饭。刘墉有一次到这家做客，坚持请老太太出来吃饭，才愿意开席。

老人磨磨蹭蹭走出来，眼里泛着泪光。

只有深切的尊重，才能够让他们感觉到自己有存在的价值。

孔子有一个学生，叫作宰予，他觉得亲人去世服丧三年时间太长了，因为在三年的时间之内，不能做官，也不能听音乐，吃喝都受到限制。孔子说："你出生三年，才能够离开父母的怀抱，你对于父母能够做到像父母那样无私地付出吗？"

很多人都做不到。

所以看到这则新闻，我也很有感触，对于最亲近的人不耐烦，却对于能够带来眼前利益的人谄媚，是年轻人的傲慢，现在想想，也是可恶。

最大的柔情，就是当你老了，我一边为没牙的你煮番茄意大利面，一边听你慢慢讲老掉牙的故事。

我有耐心，你有时间。

这才是最好的幸福。

疲惫生活当中的英雄梦想

一

我从北京出发，坐夜车要到另外一个城市。

很多年没坐过硬座，刚开始还挺新鲜。坐在自己的位置上，翻完了一本书之后，被一左一右两个人夹着，还要苦苦守着自己的小地盘，疲乏感一下子就涌上来了。列车在夜色中行驶，我靠着椅背，有些昏昏欲睡。

车里的其他人也是一样。

差不多夜里十二点，车厢里突然传来了吆喝声：“看一看瞧一瞧嘞，家用自动面膜机，现在只要十块钱！”

车厢里的人几乎都被叫醒了。

他一边走，一边拿削出来的黄瓜片贴在脸上，说：“看一看瞧一瞧，家用自动面膜机，给家里的老婆和妈妈带一个，现在只要十块钱！”其实就是一个像卷笔刀一样的装置，把黄瓜放进去，可以卷出很薄很薄的片，贴在脸上，就成了。

看那个面膜机的形状，应该只能削黄瓜。

他继续往脸上贴黄瓜："帅哥，要不要给家里的妈妈带一个？不带没关系，我做一片你试一下。"那人摆了摆手，没有同意。

"现在厂家搞活动，前六名十块一个，第七个就涨价哟！"他还是继续往脸上贴着，直到整个脸上都贴满。一个大小伙子往脸上贴这么多黄瓜片，看起来有点诙谐。

"我现在什么也看不见了，不过真的是感觉特别好，特别补水……"

他在这个车厢里面逗留了十分钟左右，有人传看了他的产品，有人起身摸了摸他脸上的黄瓜片，还有人问十块钱三个可不可以。

最后，他在这节车厢一无所获。

十分钟之后，所有人都收回了对他及产品的注意力。他揭下脸上的黄瓜片，将产品收回到篮子里，把篮子挎在小臂上，小心翼翼地跨过眯着眼睛坐在车厢地板上的人、随意摆放的小件物品以及还没有吃完的泡面盒，到下一个车厢去了。

午夜的列车，冷气开得很足。

二

我决定把不需要的东西都清理清理。我的一位老师说得很对，她说："你的屋子有多干净，心就有多安定。"

于是我到网上发了个帖子，挂出一双皮鞋，二十元。不包快递，支持同城自取。

如果没人看得上，我就把鞋子扔了；如果承蒙不弃有人上门，我打算把那件无印良品的衬衣也送给她。

不管是买东西卖东西，都是和人打交道，买二手东西的人尤其是，不少人很矫情。什么没有图片看上去的那么新了，兜里就这么多钱，能不能再少点？拿走之后不可心了，还要退货。特别麻烦，要特别小心，必要的时候要注意保存证据，以备将来斗智斗勇的可能。

帖子发出去了，有人给我私信，问我星期天早晨有没有时间。

我说："有。但是你最好早点儿来，因为我 9 点还要出门。"

她说："我 8 点就能到您那儿，您看行吗？"

"唔，可以。"还真是早，我暗暗想。

星期天早上 7 点半，她就到我家门口了。没见面之前，我以为买家是个年纪不大的小姑娘，谁知她比我想象的要大不少，四五十岁的样子，个子不高，穿一身深色的运动装，很旧，还有些起球。商标是山寨的。

"那个……要换鞋吗？"她的普通话不是很标准，还带点乡下口音。

"不用不用，"我说，"我这是地板砖，随便踩。"

她踟蹰了一下，从裤兜里摸出一个荧光蓝的小塑料团，是一次性鞋套。她抖开鞋套，套在鞋上，才走进来。

“你要的运动鞋，要不要试一下？还有，这是我要送你的衬衣，之前在网上也跟你说了。”

“不用试了。”她没抬头，从上衣侧兜里找出一张旧旧的20元，递给我。

我接过来，说：“给你找个袋子装吧，这样不好拿。”

“不用，我自己袋里有。”她说着，又在口袋里掏了掏，掏出个中号塑料袋。

她待在玄关那个地方，把鞋和衬衣放在同一个袋子里，没有试穿，没看多大的码，没有再问能不能便宜一点，也没有要求我口头保证不合适了可以退货。

我交了货，她也付了钱，没有讨价还价，也没有挑挑拣拣，交易这就算结束，我觉得很好，准备送客了。

玄关那个位置一直有些黑，我往前走了一点，她像是还有事情要说。

她说：“你送给我的衣服，好像是个挺好的牌子。我在附近的推拿店上班，别的也不会，就送你半小时的推拿吧！免费的，不要钱。”

“不用不用！”她这么客气，让我有些诧异。

“那好吧……”她有些含糊地表示，“我走了，还要赶回去上班。”

她是低着头进来的，也是低着头出去的，我都没来得及跟她目光接触。

我站在窗口，目送她朝公交车站走去。炎炎夏日，在北京的一条普通的街上，有一个普通人，手里紧紧拎着一个塑料袋，里面装着一件不怎么新的衣服和一双不怎么新的鞋。

我甚至可以想象她回去之后，先是把这个袋子放回宿舍，然后换上工服折回去上班。后来，她会选择在一个大家都不太注意的时候，把皮鞋拿出来，反复擦得很亮很亮。

三

墨镜腿上的螺丝又掉了，我决定去找个地方修一修。

前几天刚去过公主坟那家宝岛眼镜店，技师给我安了一个螺丝，让我走了。没想到，才过了几天，螺丝又掉了。

于是，我的包里一直装着这副不争气的墨镜，想找机会再修理一下。这一天，我从四通桥地铁站出来，刚好看见了一家宝岛眼镜店。

这家宝岛眼镜店位于地铁站的出站口，有一个很大的落地窗，里面坐着一位技师，他没有在忙，在看窗外。

我走进店里，朝他那个方向走过去。他先是判断了我进店的意图，确认我不是买眼镜而是修眼镜，才不慌不忙地站起来，微微颔首。

我把墨镜掏出来递给他。

“这眼镜腿的螺丝掉了。”我介绍了一下它的情况。

“我给你看一下。”他接了过去，说话还带着台湾地域风情的柔软尾音。

他戴着一副眼镜，穿着朴素的衬衣，打一条细细的、和衬衣颜色很接近的领带。脖子里有一串佛珠，右手上没有戒指。他看起来有五十多岁，精瘦，头发是刚刚染黑过的，从发根处开始黑。如果在别的地方见到他，我几乎要把他认作学者了。

“您是台湾人吗？”看他在工具盒里挑挑拣拣的空当，我饶有兴致地问。

“是啊，我是。”他没抬头。

“那您在大陆不想家吗？”

“要工作啊！”他没有停下手边的活儿，简短地回答。

他不是很健谈，我也没有再搭讪，看他修眼镜。

他终于找到合适的螺丝，吱扭吱扭，一下下地拧上去了。我刚要伸手接过来，他转手把眼镜放进一个“吱吱”响的仪器里面，洗了洗，然后拿出来，放到桌布上，把水珠磕一磕，最后拿一小块方形的棉布擦拭干净。

他又留意到另外几个螺丝也不太稳当，也把剩下的螺丝分别紧了紧。

“你怎么知道我是台湾人的？”差不多快结束了，他抬头看了我一眼，慢条斯理地说。

“我觉得口音有点像。”

“那你怎么不猜我是南方人呢？很多人都猜我是南方人啊！福建人嘛，他们都说。”

“您跟南方人还不太一样。”

他笑了，露出前面几颗牙齿。把眼镜递给我之后，他还是微微颔首，又坐回柜台后面去了，望向窗外。

我也顺着他的目光看了看——

窗外的台阶上，坐着一位卖玉米的妇女和一位摆摊卖手工鞋垫的大娘。台阶下面、绿化带边，有一排怀抱哺乳期孩子吆喝着办假证的少妇。

地铁口像是张着的小怪兽的嘴，吞进一些行色匆匆的人，又吐出好些个目光呆滞的人。

这根本没什么可看的。

年轻的时候，幻想自己成为大人物，要么当官，要么当官太太，住在有门卫和狗的独栋洋房里，玫瑰花把整个房子环绕，门前的草坪一年四季都是绿的，厕所从来都是香喷喷的。凉了有人披衣，热了有人扇扇，螃蟹肉都是剥好了才能上桌。如果有人问我过得怎么样，我就会说，还可以，就是干吗都有人伺候，有点不自由。

长大后，我既没当官，也没当上官太太，我成了小人物。我看他们是小人物，他们看我也是小人物。我们没有很多东西，但是有很多自由，是那种在这个几千万人居住，切得像豆腐块似的大城市沧海一粟，无人关注的自由。

白先勇先生写过一本书，叫《纽约客》，里面描写的都是客居纽约的众生态。

北京客也是这样，尽管微不足道，依旧在很努力地生存。绝不如大人物般活得那样精彩，有的甚至谈不上高尚，却也是心安理得。

再被好事者记录下来，也算是他们努力过的一个见证吧。

爱护一个汉子的理想主义

女人一到了适婚年纪，就朝着世故的道路上一去不复返了。

这也难怪，婚姻和爱情是不一样的，婚姻是和面包紧密联系的，所以女人挑选出来的结婚对象，要么有宝马，要么是黑马。没有谁说我结婚就是为了吃苦的，那是圣人，属于男人女人之外的第三种人，不在讨论范围之内。

所以，男人在求婚的时候最常说的一句话就是："嫁给我吧，我会让你成为世界上最幸福的女人。"

然后女人披上婚纱，男人从她的父亲手中接过她的手，两人相视一笑。男人的聘礼是他营造的一个梦，而女人以为造梦者一定会说到做到。

前几年的《非诚勿扰》，孟非问："在现场的，听过男人许过最不靠谱的承诺是什么？"黄菡说，她大学时候的男朋友向她表白，说："你跟我好吧，我以后给你买车顶上带游泳池的大汽车。"

孟非："你信了吗？"

黄菡："我信了啊。"

孟非："那现在那个男朋友呢？"

黄菡："他就是我老公啊。但是据我所知，这样的汽车到现在还没有生产出来。"

说罢，全场的人都笑。

几乎每个男人的性格当中都有理想主义的成分。吕得水家路边有个小门面，他从小在老城区的商业街长大。他说，他小的时候，自己坐在路边上，看着街上熙熙皆为利来，路上攘攘皆为利往，问他妈："其实我是被约旦王室遗弃的儿子，我的父亲是国王，他只是碍于身份把我先寄养在这里，以后会来接我回去继承王位的对不对？"

他妈根本就懒得理他。

一直到十几岁，成为继承者的念头还一直盘旋在他的心间。

我问他："都那么大了，你还问你妈这种问题？"

吕得水说："问啊，想起来就问。而且我还跟我妈说，你们别再瞒我了，我承受得住。"

写《了不起的盖茨比》的菲茨杰拉德也做过类似的梦，他十岁时，幻想自己是统治世界的国王的儿子，并且把这个念头写进了小说里。不过，不同的是，菲茨杰拉德已经名留青史，吕得水的首富梦，还得再接再厉。

我爸年轻的时候呢，也曾是一个脑回路奇特的理想主义者。

他是个军人，原来在飞行大队当队医，因为天天和飞机打交道，所以对机械产生了比较浓厚的兴趣。他有一个红色塑料皮的小本子，部队发的，印着两个烫金大字“上海”，大小正好可以揣在口袋里，他每天都带着，一般不轻易示人，还挺神秘。

那时候，我还上小学，有一天撞见他拿钢笔在本子上写写画画的，就问他在干什么，他说，他要发明一个永动机，这样飞机飞上天不用加油，如果研究出来，他要去申请专利。我懵懵懂懂听完，不明觉厉。

他的永动机图纸密密麻麻画了好几个本子，某一天戛然而止。

还有一个例子，也是关于我爸的。

我爸在部队待了十几年，和家人聚少离多，便请示组织，希望转业回到地方。那时候，部队已经不包分配，不少战友转业即失业的前车之鉴，也让我爸感到存在主义的焦虑。没有钱，怎么养家？

前段时间，我姥姥收拾储藏室，收拾出来了一大堆铁签子，有一两百根的样子。她特地送到我家来，我拿着看了半天，问：“这是什么？”

“你爸要转业的时候，觉得自己会找不到工作，给自己想了个出路，就是摆摊卖烤羊肉串……”我听了差点笑出来，不过我爸当小兵的时候在炊事班帮过厨，掂勺技术还是过硬的，他后来做孜然羊肉也超级好吃，不知道是不是那时候偷学过这门技术?

“其实市场上有卖签子的，他也不管，就要自己造工具。自己买了好长的铁丝，拿钳子、尺子比着，剪成一段一段的，部队一放假就回来磨签子，你看磨得多细！那时候，你妈也着急，我就说：‘你别着急，这样的人能大能小，难得啊。’”

我爸最后顺利地找到了工作，进了一家医院当医生，一直做到现在，不温不火，乐在其中。那些歪歪扭扭的签子，是奋斗过的证明，是无法磨灭的一段精彩存在，再看到，唯有付之一笑。

男人生来就是带有家国责任的。而且男人深深地相信，他永远风华正茂，明天永远会更好。

然而现实往往就像麦兜说的：“原来有些东西，没有就是没有，不行，就是不行。没有鱼丸，没有粗面，没去马尔代夫，没奖牌，没有张保仔的宝藏，而张保仔，也没有吃过那个包子。原来愚蠢，并不那么好笑。愚蠢会失败，会失望。失望，并不那么好笑。胖，也不一定好笑。有力气，也不一定行。”

虽然这一条真理永远会胜利，但是以身试法的感觉还是很爽。

理想主义者都是脆弱的，因为理想的实现都是偶然的，而从概率上看，不实现是非常有可能的。

理想主义都是要付出代价的，就像《老炮儿》里面的六爷，为了捍卫那些只有他自己还相信的规矩和义气，大费周章，最后以一种惨烈的方式跌倒在刺骨的冰面上。

理想主义者敏感、忧郁。他们骨子里是抗拒和世界妥协的小孩，成年后披着各种外衣在社会上扮演各种角色——中学教师，街头混混，搓泥师傅，酒馆掌柜，包工头，土大款，他们在火车站、汽车站旁边的书报亭买回去几本破书，就相信了里面的鬼话，以为自己也能成为马云和乔布斯，有一天能够万众瞩目，就像搭积木那样简单；他们在体制内上班，然后在走与留之间反复煎熬；他们在体制外苟活，活得外强中干，自己都要唾弃自己，但是还是要去攀尽交情。

很多女人，尤其是丈母娘眼里，理想主义者是失败的代名词，他们不识时务，是揣着糊涂装明白的大尾巴狼。

他们想和这个世界谈情怀，可是女人要和他们谈谈柴米油盐。

可是男人被造物主造出来就是这样，负责播种生命、狩猎与保卫。所以，男人看起来强大，实则脆弱，男人比女人更脱离现实，更理想主义。

乐嘉在书里说，他一生中记得最牢的女子，就是在他落魄无助、不被信任、没有任何迹象表明他会有所成就的时候，在他身旁不离不弃、不给压力，并且告诉他“你，可以的”那个女子。不过很多人不会有这样的幸运。因此多数男人的理想主义，无一例外都是被人手起刀落地斩断的。而实行此酷刑者，要么是老婆，要么是丈母娘。

男人在没有成功之前，都是寝不安席的；他们在成功之后，更加寝不安席。林语堂老先生幽默地说："据说我们男人是自己命运的主宰，也是世界的主宰，还有我们男人是自己命运的执掌者，比如政治家、政客、市长、糖果店主人，以及其他的职位，全为男人所占有。实则我们没有一个人喜欢做这样的事情。我真愿意看见女人勤劳工作于船厂、公事房中、会议席上，同时我们男人却穿着下午的轻俏绿衣，出去作纸牌之戏，等我们亲爱的公毕回家，带我们去看电影。"

如果他侥幸成功了，那么之前在寒舍里谈论理想的日子，都会变成美好的回忆。

如果他没有成功，也不要剥夺他脆弱的权利。

因为这个世界想明白了不过如此，25% 的人结婚之后会离婚，45% 的人携带癌症基因，70% 的人可以活过 65 岁，95% 的人终将被高于现实的理想主义打败，和现实平起平坐。壮志凌云的摇滚青年，中年后终究会沦为成天炒股的猥琐大叔。终究要一床棉被、一杯红酒、一部电影，山呼万睡。

不如多些理解，少些刻薄。不要在现实和理想的对峙中冷淡地活着，爱是一把双刃剑，它既是善意的包裹，也是摧毁一个人最厉害的武器。就陪他驰骋疆场到解甲归田，从老骥伏枥，到窗外细雨，可好？

别以为那些冷嘲热讽他听不进，明枪暗箭他不懂，最亲的人说的风凉话最寒心。每一个梦想，都值得尊重。因为它们都曾经被重重地拿起，又轻轻地放下。

花正浓，粉正香，转眼两鬓又成霜。

不如趁着他鸡血未凉，陪他鲜衣怒马。

能够让你欺负的人，都是爱你的人

30 岁以前，我一直在找一位可以对我知冷知热的人。

找来找去，只找到对我忽冷忽热的人。

锅碗瓢盆的日子里，没人觉得你还会有初见时的美丽；兵荒马乱的漂泊中，没人有空向你伸出援手。不过也好，有些对于世界美好的想象，本来就是用来摧毁的。

有一次病得特别严重，不能上班，给 boss 打电话说："我发烧烧到 39℃，今天上不了班了。"

他说："哦，那你的工作记得交接一下。"

挂了。

厚着脸皮发了一条朋友圈，说今天病了……底下的留言画风一致得跟商量好了似的："好羡慕你可以不来哟。"

这条阅读理解我给负分。

只有一个人抓住了重点："烧到多少摄氏度？吃药了没有？"然后还夺命连环 call，根本就不知道病人最需要的是静养。之后，我都退烧三天了，还打电话问：“现在还烧不烧了？我给你寄点药过去？”

有时候真的觉得这种人很烦，微信秒回，微博追着点赞。还喜欢自作聪明地转发加评论。于是我把她的微博拖黑了。没过多久，发现她又新注册了一个小号来看我。我是怎么发现的呢？因为她原来叫“李老师”，她的小号很没有创意地叫作“李老师一”。所以这个“李老师一”也被机智的我硬生生地拖进小黑屋了。

这个人就是亲爱的母上大人。

春节的时候，我妈接到了一个电话。

是保险公司的业务员打来的，他自己一个人在电话那边说了一大串，话筒里也传过来一些杂音，像是在一间不小的办公室里，不同的业务员守着不同的电话机，电话线那头是不同的客户。

我妈表示她还不需要车险。那个人礼貌地挂断了。

又过了半个月，他又打电话来。我妈有点认识这个区号为上海的固话了，而且想了一下要不要接听。

她还是接了。那边说：“阿姨，我们公司现在搞活动了，买车险送行车记录仪，您要不要考虑一下？挺超值的。”

“我的车险还没到期。我记得我刚交过没多久。”

“那我可以帮您查一下什么时候到期……只要报给我手机号就行。”

他这样努力，我妈都有点动摇了，说：“好，你查一下告诉我。”

挂了电话，我说：“这样的人，直接拖黑就完了，老是打骚扰电话，讨厌。我教你一招，只要是推销打电话，你就问：‘你们从哪儿知道我电话的？’那边就不敢再说话，你不如也这样试试。”

这时，她的电话又响了，还是那个号码。我直摇头，让她不必再接，她还是接了。

“阿姨，您的车险 6 月份到期。”对方说。

“好，那你到时候再给我打电话。”

“如果他那时候还打电话来，那才叫神奇呢！”我说。

七月流火的一天，我坐双层巴士经过某银行巨大的城市广告牌前，脑子里闪过了那个推销员，不知道他最后成功没有？

我就问她：“你最后买了那人的车险没有？”

她说，买了，那人果真又拨电话过来，但是没有送行车记录仪的优惠了。而且还要交 180 元的什么费，她也给交了。

“真执着！你怎么想的？”我笑着问她。

“他应该跟我的孩子差不多大，他遇到的事情，我的孩子出门也会遇到。我对别人的孩子好一点，希望别人也会对我的孩子好一点吧。”

听她这么一说，我决定把她从小黑屋里放出来。

她虽然槽点很多，但优点也很多。她对你的爱可能不是最聪明的，但一定是最真诚的。因此，要对这个人耐心一点，再耐心一点。

有个不嫌你笨，不嫌你丑，不嫌你恶语相向，不嫌你冥顽不灵的人不容易，请好好对待他。

后记

书里面的文章来自于我的公众号——正经婶儿，以及以前在别的平台发的一些旧文。有的文章是全文摘录，有的则是有所删改，有的自然是有所增益。

我从 2015 年 8 月开始在正经婶儿这个平台上写文章，风格和定位完全没有。刚开始，有些文章是翻译外网讲怎么增肥的，因为我对于自己太瘦这件事情一直不能释怀；有些文章就是图个乐子，没什么太大意思。

后来提笔写了《嘴巴那么毒，心里一定很苦吧》《女人不可以穷》《马冬梅，醒来觉得甚是爱你》等文章之后，关注的读者突然多了起来，有人说我犀利，有人说我机灵，有人说我毒舌和反鸡汤。有些人告诉我：“你写得真好！”我诚惶诚恐；有些人谩骂报复，我阅后即焚，统一拉黑；还有人会以我之矛攻我之盾，说：“你嘴巴这么毒，心里也一定很苦吧？”我觉得这样的人智商很高。

其实不是我毒舌，我说的都是真相和常识而已。

谢谢编辑薛航，如果没有他的淘尽英雄，不会有这本书的出现。也感谢他给我充分的自由和浪荡的时间，让我能够切磋琢磨，有始有终。至于交稿时期再三拖延，他也给予坦率的包容，实在是大恩不言谢。

感谢在书中被我引用、打压和赞美的朋友们，他们很多人对于自己的事迹被当作正反典型来进行文学创作，至今茫然无知。不知道最好，免得怀恨在心，打击报复。知道我在写他们的那些人，发个微信过来说："不挤对我，你会死？"也就完事。有这样一群开得起玩笑，爆得起黑料的朋友，真是不幸中之万幸。

这本书即将交稿的时候，单身约六年的张雯雯终于有了自己的新恋情，曾经拿她当笑料的人终于可以闭嘴；闺密的妈妈岩女士找到了工作，在机关大院当保洁，她每天体体面面出门，开开心心回家，生活以痛吻我，而我报之以歌，这样的女人真是厉害。

如果阁下有幸能够读到这一页，说明这本书已经付梓印刷，丑媳妇终究要见公婆了。我从没想过，有一本署着我自己给自己起的名字的书，一本终有一天会发黄、变脆的书，在我有生之年将会始终跟随着我，真是无比神奇。

更神奇的是，我将有可能在书摊上、咖啡馆甚至某家人的厕所里，发现我的书很不环保地躺在那里。看书的人能否有感于斯文呢？我不知道，但是，我努力了。能否从文字中获得治愈？我也不知道，不过，希望能够。有人会为了带它回家，俭省铜钱若干，少吃一碗麻辣烫吗？如果会，那我三生有幸，无以为报，再拜稽首。

我很庆幸在这本该荒废的三个月却没有被荒废。无论是好评还是差评，此刻都已经不再重要。

因为如同一瓶葡萄酒从种子走到杯中那么久一样，准备酿造的本身就是迷人的，甚至超过葡萄酒本身。

谨以此书献给
郑建白先生和王玉凤女士